Steve Juru De Cliff
Pierre Claver Harerimana

Extracção de óleo essencial de Cananga Odorata

Steve Juru De Cliff
Pierre Claver Harerimana

Extracção de óleo essencial de Cananga Odorata

Rumo à descoberta de um novo quimiotipo com perspectivas bio-económicas?

ScienciaScripts

Imprint

Cover image: www.ingimage.com

This book is a translation from the original published under ISBN 978-620-5-51276-0.

Publisher:
Sciencia Scripts
is a trademark of
Dodo Books Indian Ocean Ltd. and OmniScriptum S.R.L Publishing group
Str. Armeneasca 28/1, office 1, Chisinau MD-2012, Republic of Moldova, Europe
Printed at: see last page
ISBN: 978-620-5-38605-7

ABSTRACT

Cananga Odorata, pelo seu nome comum "ylang-ylang", é uma planta muito perfumada que se encontra cada vez mais na planície do IMBO, especialmente em Bujumbura, a capital do Burundi. A extracção de óleos essenciais das flores frescas da planta, realizada por hidrodistilação imediatamente após a colheita, deu um óleo essencial com índices de qualidade em conformidade com os das normas internacionalmente reconhecidas [1-3].

Com uma densidade de 0,940, um índice de refracção (IR20) de 1,502, um índice de ácido de 0,421, o óleo essencial extraído das flores deste genótipo cultivado em Bujumbura está em perfeito acordo com as normas AFNOR. Mas especialmente com o seu índice de éster (EI) de 350,6, excepcionalmente muito elevado, o que sugere, a priori, o aparecimento de uma variedade de odores de Cananga com qualidades competitivas em comparação com os dois nichos já existentes, nomeadamente o nicho Comoros-Mayotte, e o nicho Madagáscar.

A extracção e embalagem de essências de Cananga odorata oferece novas perspectivas bioeconómicas em aromaterapia e perfumaria, não só no Burundi, mas também em países que partilham as mesmas condições geo-climáticas do Grande Rift Africano.

TABELA DE CONTEÚDO

ACRÓNIMOS E ABREVIATURA S

Sendo este livro a tradução de uma versão original publicada em francês, certas siglas e abreviaturas não foram traduzidas :

AFNOR : Association Française de Normalisation
BBT : Bleu de Bromotymol
BRARUDI : Brasserie et limonaderies du Burundi
CRUPHAMET : Centre de Recherche Universitaire en Pharmacopée et Médecine Traditionnelle
GIE : Groupement d'Intérêt Economique
ISABU : Institut des Sciences Agronomiques du Burundi
ISO : International Organization for Standardization (Organisation internationale de normalisation)

INTRODUÇÃO

Devido à sua posição geográfica, aos seus micro-climas e aos seus recursos hídricos dos mais raros do mundo, o Burundi goza de vários factores de pedogénese que explicam a sua flora abundante e diversificada, particularmente rica em plantas aromáticas e medicinais susceptíveis de serem utilizadas em diferentes campos (farmacêutica, perfumaria, cosmética, processamento de alimentos) pelas suas propriedades terapêuticas, organolépticas e odoríferas ou que podem ser utilizadas como fonte de isolados para hemi-síntese.

Estas plantas aromáticas poderiam assim constituir produtos de alto valor acrescentado (óleos essenciais, extractos, resinas, etc.) que aparecem quase sempre como misturas complexas, cuja composição deve ser analisada antes da sua possível utilização. As técnicas analíticas actualmente à disposição do experimentador permitem, na grande maioria dos casos, que este trabalho seja realizado numa base de rotina. No entanto, a identificação de certos constituintes é por vezes difícil e a utilização de vários métodos analíticos complementares é não só útil como necessária. Os óleos essenciais, preparados por hidrodistilação de material vegetal, são uma boa ilustração disso mesmo.

Os óleos essenciais são misturas complexas constituídas por várias dezenas ou mesmo várias centenas de compostos, principalmente terpenos. Os terpenos, moléculas construídas a partir de entidades isoprénicas, constituem uma família muito diversa, tanto estruturalmente como funcionalmente. Nos óleos essenciais, encontram-se geralmente mono e sesquiterpenos (com respectivamente 10 e 15 átomos de carbono) e mais raramente diterpenos (20 átomos de carbono), bem como compostos lineares não-terpenos e fenilpropanoides.

O objectivo deste livro é apresentar um trabalho preliminar de investigação (HARERIMANA P.C. *et al*, 2012) que foi realizado sobre uma planta que vemos cada vez mais na planície IMBO no Burundi, mas cujo pouco ou nada se sabe sobre a sua história de aparecimento no Burundi, nem sobre a sua utilização, e por isso menos ainda sobre as suas propriedades úteis que poderiam justificar o seu cultivo em grande escala. Este é o *Cananga odorata*, mais conhecido pelo seu nome exótico de "*ylang-ylang*".

No Burundi, o estudo dos óleos essenciais nunca foi um tema quente, apesar da sua idade e da evolução exponencial da biotecnologia vegetal noutras partes do mundo. A história da aromaterapia nasceu com o progresso da ciência, novos princípios activos e novas propriedades farmacológicas que fizeram das plantas aromáticas e medicinais [5] verdadeiros medicamentos [6]. O Burundi, em virtude da sua posição geográfica, goza de vários factores de pedogénese e de grandes variações nos micro-climas aos quais se juntam recursos hídricos, que lhe conferem um património floral de grande diversidade. Contudo, poucas culturas de plantas para perfume foram objecto de estudos científicos muito aprofundados, nem mesmo na Universidade do Burundi, a maior instituição de ensino superior do Burundi. Infelizmente, a Cananga Odorata é um exemplo brilhante de uma espécie que não é excepção a esta regra. Nativa das florestas húmidas do sudeste asiático, ainda não se sabe como ou quando o ylang-ylang foi introduzido no Burundi, particularmente na planície do IMBO, onde parece estar a aclimatar-se bem. Poderia ter sido introduzido muito recentemente por viajantes como uma simples curiosidade, porque não conhecemos nenhum lugar no Burundi onde seja cultivado extensivamente. De facto, o seu cultivo é praticado esporadicamente em pequenas parcelas em Bujumbura por indivíduos que parecem estar muito mais interessados na sua sombra e no aroma das suas flores, sem no entanto imaginar que noutros países como Madagáscar e as

Comores, é uma planta industrial que apoia famílias inteiras através da exportação dos seus óleos essenciais. De facto, as substâncias aromáticas segregadas pelas flores da Cananga Odorata escondem actividades biológicas interessantes (antimicrobianas, anti-inflamatórias, hemostáticas e curativas) [11].

Este estudo parte da observação de que o mercado de óleos essenciais no Burundi é um sector inexplorado e que uma indústria artesanal e um saber-fazer devem ser iniciados para explorar o rico potencial vegetal do país. Trata-se agora de o desenvolver para fazer desta actividade uma fonte adicional de rendimento e um instrumento para o desenvolvimento sustentável. Pode também visar o mercado da indústria de cosméticos e detergentes, destinado tanto para o mercado local, mas especialmente para a exportação. Várias variedades de plantas perfumadas ainda não exploradas são motivo de preocupação. Uma destas preocupações relaciona-se com a extracção das essências aromáticas desta planta ylang-ylang de uma variedade de Cananga odorata que cresce na planície de IMBO.

Capítulo 1: Estrutura física do estudo e generalidades sobre a planta de ylang-ylang

1.1. Origem da planta ylang-ylang
1.2. Condições climatéricas na sua zona de produção
1.3. Localização e contexto geográfico
1.4. Possibilidade da influência geológica do Grande Rift
1.5. Sistemática e morfologia da planta ylang-ylang
1.6. Exigências ecológicas da planta de ylang-ylang
1.7. Cultivo da planta ylang-ylang

« Localização geográfica do Burundi no Grande Vale do Rift Africano, berço de espécies vegetais únicas no mundo ".

1.1. Origem da planta ylang-ylang

Cananga odorata (Lam.) Hook.f. & Thomson, vulgarmente conhecida como ylang-ylang, é uma árvore nativa das Molucas. Este arquipélago localizado a leste da Indonésia atraiu europeus já no século XVI devido à sua significativa produção de especiarias [4-7]. Hoje em dia, a Cananga odorata é cultivada principalmente em três locais principais no Oceano Índico: a União das Comores, Madagáscar e Mayotte. Parece ter encontrado condições climáticas e edáficas particularmente favoráveis nestes locais. A variedade Cananga odorata macrophylla é também utilizada como ornamental na Polinésia, Micronésia, Melanésia e outras ilhas do Pacífico.

É cultivado nestes países para obter o óleo essencial de ylang-ylang através da destilação fraccionada das suas flores frescas e maduras. Este óleo, muito importante para a economia dos três países produtores, representa uma fonte essencial de rendimento para as ilhas do Oceano Índico [5]. Tem uma grande riqueza olfactiva e destina-se a perfumaria de luxo, perfumaria de massas, fabrico de cosméticos, detergentes, desodorizantes e sabão [4-10]. Embora faça parte da composição de muitos produtos da nossa vida quotidiana, ylang-ylang é simultaneamente uma planta e um óleo essencial muito pouco conhecido. O maior produtor mundial de óleo essencial de ylang-ylang é a União das Comores [5,6,10].

1.2. Condições climatéricas na sua área de produção

Ylang-ylang é uma planta muito rústica. É uma espécie pioneira, adaptando-se a uma vasta gama de solos, desde os arenosos aos argilosos. Na sua área de cultivo, cresce igualmente bem em solos aluviais de Madagáscar e em solos vulcânicos de Comores. Pode crescer em solos de textura leve, média e pesada. Suporta variações de pH que vão de 4,5 a 8,0. Requer solos bem drenados mas tolera solos encharcados durante um curto período de tempo.

O seu sistema radicular bem desenvolvido e pivotante permite o seu desenvolvimento em solos inclinados, mas no entanto requer um subsolo que não seja demasiado rochoso [10,20].

A planta ylang-ylang cresce tão bem num clima equatorial como num clima subtropical marítimo. Encontra-se em florestas tropicais e florestas semi-secas. Encontra-se em altitudes que vão desde o nível do mar até 800 m e por vezes até 1.200 m perto da linha do equador. As necessidades anuais de água são de 1.500 a 2.000 mm, mas a árvore suporta precipitação média anual entre 700 e 5.000 mm, embora tolere curtos períodos de seca (menos de dois meses) [10,29,30].

Ylang-ylang prefere temperaturas elevadas, entre 25 e 31 ° C, mas não tolera temperaturas inferiores a 5 ° C. Ylang-ylang prospera melhor a pleno sol, mas tolera a sombra. As folhas e o tronco são bastante frágeis. No entanto, volta a crescer muito vigorosamente após danos causados pelo vento [10,29,30].

Actualmente, existem importantes plantações de ylang-ylang nas ilhas do Oceano Índico, principalmente nas Comores, Madagáscar e Mayotte, mas também na Colômbia, Indochina, Costa Rica, Filipinas e Costa do Marfim. O maior produtor mundial de óleos essenciais de ylang-ylang é a União das Comores [5, 6, 10]. Todos estes países partilham as mesmas condições pedoclimáticas que as encontradas na planície da IMBO, que se situa num contexto geográfico que justifica estas características pedoclimáticas.

1.3. Localização e contexto geográfico [28]

A planície IMBO está localizada no Burundi. O Burundi é um dos agora sete países membros da Comunidade da África Oriental que inclui também Uganda, Quénia, Tanzânia, Sul do Sudão, República Democrática do Congo (RDC) e Ruanda. Abrange apenas 27.834 km², incluindo 25.200 km² terrestres e estende-se entre os meridianos 29° 00' e 30° 54' Este e os paralelos 2° 20' e 4° 28' Sul. Sem acesso ao mar, faz fronteira com o Lago Tanganica (32.600 km² dos quais 2.634 km² pertencem ao Burundi), no eixo do Grande Rift Ocidental. O lago e o rio Rusizi fazem fronteira com o Burundi a Oeste, o rio Malagarazi a Sudeste.

As fronteiras ocidental e sudeste (11.817 km²) pertencem à Bacia do Congo, o resto do país (13.218 km²) constitui o extremo sul da Bacia do Nilo. Os países vizinhos são a República Democrática do Congo a oeste, o Ruanda a norte e a Tanzânia a leste e a sul.

O desenho topográfico do Burundi é acompanhado pela variação do clima a diferentes altitudes, o que confere ao país uma diversidade geoclimática significativa.

De facto, as altitudes acima dos 2000 m, materializadas pela crista Congo-Nilo, são mais regadas com precipitação média entre 1400 mm e 1600 mm e temperaturas médias anuais oscilando à volta dos 15 °C com mínimos por vezes atingindo 0 °C. Estas condições climáticas (elevada pluviosidade e baixa temperatura) fazem deste ambiente situado no meio de zonas montanhosas tropicais, um local privilegiado para a formação de florestas tropicais.

As altitudes médias reunidas no termo único "planalto central", e oscilando entre 1500 e 2000 m, recebem cerca de 1200 mm de precipitação anual para 18 a 20 °C de temperaturas médias anuais.

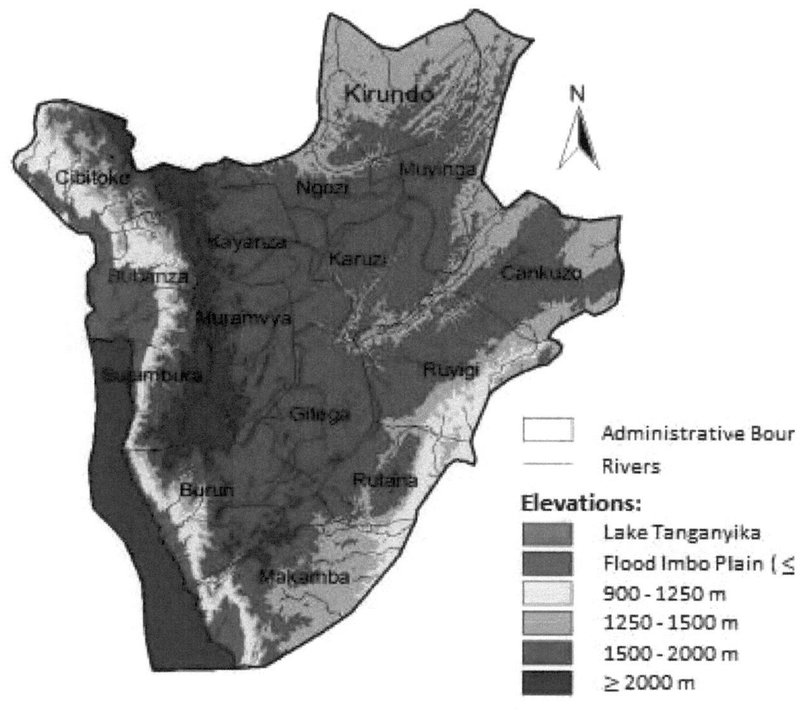

Figura 1 : Mapa das regiões eco-climáticas do Burundi, incluindo a planície de inundação IMBO

As altitudes abaixo de 1400 m representadas pela planície de IMBO (abaixo de 1250 m) e as depressões de Kumoso e Bugesera têm precipitações médias anuais inferiores a 1200 mm e mesmo frequentemente inferiores a 1000 mm como no IMBO, com mínimos de cerca de 500 mm. As temperaturas médias anuais oscilam em torno dos 20 °C.

O relevo do Burundi é muito variado. Este país está subdividido em 5 regiões eco-climáticas (Fig. 1). De oeste para leste, podemos distinguir: as planícies IMBO correspondentes a uma vala de colapso do Vale do Rift ocidental, a região íngreme de Mumirwa, a zona montanhosa com a cordilheira Congo-Nilo, os planaltos centrais, as depressões de Kumoso e Bugesera. A altitude varia entre 774 m nas margens do Lago Tanganica e 2.670 m nas cadeias montanhosas, diminuindo gradualmente para 1.200 m no leste do país.

As planícies da IMBO estendem-se até à extremidade ocidental do Burundi, formando uma série de planícies de largura variável desde a Tanzânia, no sul, até ao Ruanda, no norte. As planícies são formadas pela planície Rusizi e as planícies ribeirinhas do Lago Tanganica. A altitude situa-se entre 774 m, ao nível do Lago Tanganica e 1000 m no início das escarpas costeiras.

A planície Rusizi está subdividida em duas partes: a planície Rusizi inferior a sul, e a planície Rusizi média a norte. As planícies ribeirinhas do lago Tanganyika desenvolvem-se a sul do baixo Rusizi. A topografia geral é dominada por uma alternância de pequenas planícies sedimentares de largura variável (0 a 20 km) suportada por relevos elevados. Quando estas últimas estão suficientemente afastadas, formam-se planícies mais ou menos extensas. A primeira é a de Nyanza-Lac, drenada pelo rio Rwaba e com uma largura de 16 km. A segunda é a de Rumonge. Tem metade da largura da anterior, mas é mais longa, estende-se desde o rio Nyengwe, no sul, até ao norte do rio Dama. A terceira localiza-se a sul de Bujumbura. A sua parte mais larga é ocupada pelo local da capital.

A planície do IMBO corresponde à região natural do IMBO e ocupa 7% da superfície terrestre do país. Na planície do IMBO, os solos são estabelecidos em sedimentos lacustres ou aluviões fluviais, tais como os encontrados em Madagscar. Estes variam em função do seu substrato ou da sua posição geográfica. Distinguem-se as formações arenosas, os solos salinos que dominam os interflúvios e os vertissolos das depressões pouco drenadas. Os vertissolos são o resultado de depósitos aluviais. A cor negra dos vertissolos (daí o seu nome argilas negras tropicais) provém da associação entre argilas e matéria orgânica. Têm, portanto, uma composição importante de matéria orgânica. São solos que racham e estalam sob o calor durante a estação seca e que ficam congestionados e incham muito rapidamente na estação das chuvas.

1.4. Possibilidade da influência geológica do Grande Rift

O Vale do Grande Rift (ou Vale do Rift Africano, ou Grande Rift da África Oriental) é uma característica geológica importante, estendendo-se desde o Mar Vermelho do sul (no norte) até ao Zambeze (no sul) ao longo de mais de 6.000 km de comprimento, 40 a 60 km de largura e algumas centenas a alguns milhares de metros de profundidade. A grande fenda da África Oriental corta o Corno de África em dois: a placa tectónica núbia, a oeste, afasta-se da placa somali, a leste, antes de se dividir, a sul, de ambos os lados. outros do Uganda. O Rift ocidental engloba as montanhas Virunga e Ruwenzori, e vários dos grandes lagos africanos, onde a água preencheu a profunda falha da fenda.

O Vale do Grande Rift é também apelidado de "*berço da humanidade*" porque muitos fósseis Hominídeos e muitos vestígios arqueológicos muito antigos foram aí descobertos. Isto porque este vale tem todas as condições necessárias para a criação e conservação de fósseis. Actualmente, existe uma variedade de plantas que não podem ser encontradas em qualquer parte do mundo. Não seria, portanto, surpreendente que este berço da humanidade seja também o berço de quimótipos raros com propriedades excepcionais, tais como talvez o óleo essencial de ylang-ylang da planície do Imbo.

1.5. Sistemática e morfologia da planta ylang-ylang

O ylang-ylang (Cananga odorata), ou ilang-ilang, é uma árvore da família Annonaceae. A família Annonaceae ou Annonaceae é uma família de plantas dicotiledóneas primitivas que inclui duas mil espécies divididas em cem géneros. Estas são árvores, arbustos ou cipós de zonas tropicais ou subtropicais. É a família das ylang-ylang (*Cananga odorata*), algumas espécies produzem frutos comestíveis tais como *Annona muricata* (gravioleira), *Annona reticulata* (coração de vaca), *Annona squamosa* (canela de maçã), etc.

Nativo do sudeste asiático, o ylang-ylang é cultivado pelas suas flores, das quais é destilado um óleo essencial que é amplamente utilizado em perfumaria [2]. Ylang - ylang é uma palavra malaia que significa "flor de flores" ou "rainha das flores" [3].

A sua sistematização é a seguinte:

Reinar:	Plantae
Sub-reinião:	Tracheobionta
Divisão:	Magnoliophyta
Classe:	Magnoliopsida
Subclasse:	Magnoliidae
Ordem:	Magnoliales
Família:	Annonaceae
Género:	Cananga
Nome binomial:	[Cananga odorata (Lam.) Hook.f. & Thomson, 1855]

Fonte : *Benini et al, 2010.*

Existem duas formas de C. odorata: a forma genuina e a forma macrophylla, e uma variedade ("fruticosa") [4,5,10,15,16]. A forma macrophylla distingue-se da forma genuina por ramos com um hábito de queda. São perpendiculares ao tronco no caso de genuina e fruticosa. Na macrófila, o tamanho das flores e folhas é maior. Além disso, estas duas árvores não são cultivadas nas mesmas regiões. A Fruticosa é uma variedade anã. É caracterizada por uma pequena árvore com muitas flores pequenas [3,4,6,10,15,16].

A forma de Cananga odorata referida neste estudo é a forma genuina. A figura 2 mostra uma das línguas ylang que forneceu as flores que foram utilizadas para a extracção de óleos essenciais para este estudo.

1.5.1. A árvore

A árvore ylang ylang é uma grande árvore com ramos nodosos e com um crescimento muito rápido. Cresce 2 a 5 metros por ano durante os primeiros anos (4). Pode atingir alturas de 15 a 25 metros. Mas para facilitar a colheita das flores pelos colhedores, é cortada a dois metros de altura (Figura 2) (Guenther, 1952). Tem uma casca espessa e lisa, de cor branca acinzentada a prateada. Ylang-ylang tem dois tipos de raízes: uma raiz da torneira para recolher água e raízes rastejantes que fornecem nutrição orgânica para a planta (Ben Mohadji, 2004).

Figura 2: Uma das árvores ylang-ylang que forneceu as flores para extrair o óleo essencial para este estudo[1] (DE CLIFF S AND HARERERIMANA P.C, 2012)

1.5.2. Folhas, flores e frutos

As folhas de ylang-ylang são verdes escuras, simples, alternadas e sempre verdes. O pecíolo é bastante curto (1 a 2 cm) e a lâmina, de 15 a 25 cm de comprimento e 6 a 10 cm de largura, termina num ponto e tem uma veia principal amarelada sobre a qual se alternam veias obliquamente secundárias, salientes por baixo da folha. A folha tem forma de caleira e é mais verde e brilhante na superfície superior (Figura 3) (Brulé e Pecout, 1995).

[1] Uma das três árvores ylang-ylang localizadas na Galeries ELITE, 83 Chaussée Prince Louis RWAGASORE. Em dois anos, já atingiram mais de três metros de altura.

Seis a doze flores estão unidas numa inflorescência cymous do tipo helicoidal. Cada uma delas é caracterizada pela presença de 3 pequenas sépalas verdes, de forma espessa e semi-ovalente, e 6 pétalas, dispostas em dois espigões de 3 pétalas cada, longas e lanceoladas, uma no interior e outra no exterior. As pétalas interiores têm uma mancha vermelha na parte interior da sua base e são maiores do que as pétalas exteriores. Por vezes encontramos flores cuja corolla tem apenas 4 ou 5 pétalas, tendo as outras abortado. Na fase juvenil, a flor é verde e peluda com veias longitudinais. As pétalas podem atingir 4 a 8 centímetros de comprimento. Quando o botão da flor se abre, a flor ainda muito pequena não tem odor, então as bolsas de óleo tornam-se cada vez maiores e o seu número torna-se cada vez mais importante (Brulé e Pecout, 1995).

Ao fim de quinze a vinte dias, a flor, depois de ter passado pelo amarelo pálido, torna-se nitidamente amarela e liberta um odor poderoso. A mancha vermelha, localizada no coração da flor, é então muito marcada (Figura 3). Este é o momento da colheita, quando as flores contêm mais óleo e a qualidade do óleo é a mais elevada. As flores seguem umas às outras continuamente na árvore durante todo o ano, mas nem todas crescem ao mesmo tempo (Guenther, 1952).

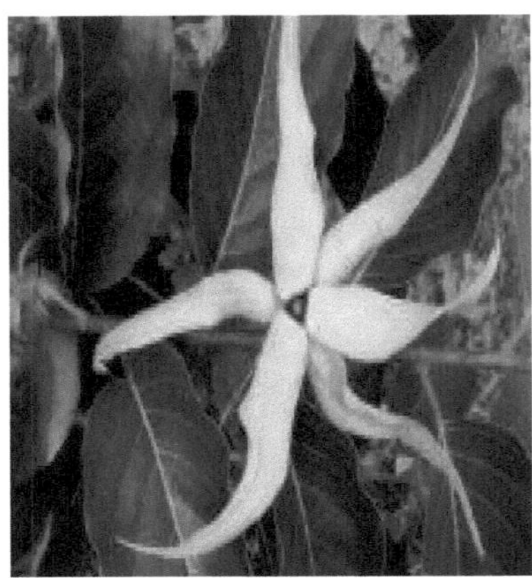

Figura 3 : (a) Folha de ylang-ylang (esquerda); (b) Flor de ylang-ylang madura (direita)

(c) Fruta ylang-ylang imatura (esquerda); (d) Fruta ylang-ylang madura (direita)

O fruto consiste numa baga oblonga em forma de pêra com 4 centímetros de comprimento e contém 6 a 12 sementes pequenas que são castanhas escuras quando maduras (Figura 4b). É de cor verde a azul muito escuro (Figura 4a) (Guenther, 1952).

1.6. Exigências ecológicas da planta de ylang-ylang

A árvore ylang-ylang é muito robusta. É uma espécie pioneira, adaptando-se a uma vasta gama de solos, desde os arenosos aos argilosos. (Brulé e Pecout, 1995). Pode crescer em solos de textura leve, média e pesada. Suporta variações de pH que vão desde 4,5 a 8,0. Requer solos bem drenados mas tolera solos encharcados durante um curto período de tempo. O seu sistema radicular bem desenvolvido permite o seu crescimento em solos íngremes e inclinados. É portanto uma árvore interessante para o controlo da erosão (Manner e Elevitch, 2006).

A planta ylang-ylang cresce num clima equatorial, bem como num clima subtropical marítimo. É uma componente das florestas tropicais húmidas e semi-secas. Encontra-se em altitudes que variam de 1 a 800 metros e por vezes até 1200 metros perto da linha do equador. No entanto, acima dos 600 metros, os rendimentos são economicamente insignificantes. As áreas ideais de produção variam de 5 a 300 metros acima do nível do mar. O cultivo de Ylang-ylang é sensível a chuvas fortes, que provocam a queda de flores. As necessidades anuais de água são de 1.500 a 2.000 milímetros, mas a árvore suporta precipitação média anual que varia entre 700 e 5.000 milímetros (Manner e Elevitch, 2006).

É uma planta de baixa altitude que cresce muito bem em áreas bem regadas com uma estação seca inferior ou igual a 5 meses. Ylang-ylang prefere temperaturas elevadas, entre 25 e 31 ° C (Ben Mohadji, 2004). Não suporta temperaturas inferiores a 5 ° C. Ylang-ylang cresce melhor em pleno sol, mas tolera a sombra. É por vezes encontrado na agroflorestação. As folhas de ylang-ylang e o seu tronco são frágeis. No entanto, a árvore cresce de novo vigorosamente mesmo depois dos danos causados pelo vento. (Manner e Elevitch, 2006). A planície IMBO preenche todas estas condições climáticas.

1.7. Cultivo da planta ylang-ylang

A planta ylang-ylang é uma árvore fácil de manter, sem requisitos especiais de solo, irrigação ou fertilizante, e muito resistente a doenças (6). O ylang-ylang ocorre principalmente por semente. É então aconselhável mergulhar as sementes durante 24 horas em água quente, e depois semear num substrato composto de terra para vaso. Manter o substrato húmido para evitar o bolor. A germinação ocorre entre duas a três semanas (7).

É difícil para as estacas porque mostra uma baixa capacidade vegetativa (Association des Naturalistes de Mayotte, 2006). A prática da provinicultura é muito rara. As sementes estão adormecidas durante 25 a 60 dias, dependendo da época do ano. As que têm entre 6 e 12 meses de idade têm a melhor hipótese de germinação. A sementeira é teoricamente feita num viveiro em solo moderadamente rico, bem regado e não demasiado ensolarado. O arbusto é plantado no campo quando atinge 20 a 30 cm de altura. Durante o primeiro ano é plantado como uma inter-colheita para beneficiar da sua sombra (8).

O trabalho de manutenção consiste em evitar a invasão das plantações pela vegetação secundária (monda ao pé das árvores) e em manter a propagação (porto de guarda-sol) e a baixa altura da árvore. Este trabalho de manutenção é repetido 3 ou 4 vezes por ano (Laffaire, 2008).

A primeira cobertura é feita quando se tem dois anos e meio ou três anos e meio de idade. Quando a árvore atinge dois a três metros de altura, a copa da árvore é removida. A árvore cresce então em largura e não em altura, porque sob o efeito da chegada da seiva os ramos tornam-se mais pesados e ficam ao alcance da mão.

A poda consiste em seleccionar os ramos inclinados e retirar as ventosas. É realizada três vezes por ano, a fim de facilitar o trabalho dos recolhedores (8). Uma árvore ylang-ylang começa a produzir após dois anos e está em plena produção aos 5 anos (3) e a produção pode durar 25 a 30 anos (8).

Capítulo 2 : Visão geral das essências e da extracção de óleos essenciais

2.1. Conceito de essência e óleo essencial
2.2. Localização do óleo essencial nas plantas
2.3. Componentes químicos do óleo essencial de ylang-ylang
2.4. Descrição olfactiva dos principais constituintes aromáticos
2.5. Métodos de extracção de óleos essenciais
2.6. Outros métodos de obtenção de extractos voláteis
2.7. Dispositivos para a extracção de essências
2.8. Identificação e análise cromatográfica
2.9. Princípios para determinar os índices de qualidade
2.10. Condições de conservação e armazenamento

« O cheiro do cheiro do ylang-ylang é único, desapologético, desenfreado, hipnótico, colorido, solar e exótico. Transporta-o para uma natureza luxuriante e intoxicante que o faz sonhar com umas férias nos trópicos".

»

2.1. Conceito de essência e óleo essencial

Os óleos essenciais, comummente chamados "essências", constituem todas as substâncias odoríferas voláteis presentes nas plantas, a sua volatilidade opondo-as a óleos fixos que são lipídios. Estes óleos essenciais são misturas de constituintes mais ou menos complexos, e encontram-se geralmente na forma líquida. No entanto, algumas misturas encontram-se na forma sólida, por exemplo as estearoptens ou a cânfora do óleo essencial da árvore da cânfora. Os óleos essenciais são, portanto, geralmente líquidos incolores, com excepções da canela que é de cor amarela ou avermelhada, da camomila que é azul ou verde absinto. São composições gustativas poderosas, muito inflamáveis, odoríferas, solúveis em álcool e éter e insolúveis em água, às quais, no entanto, transmitem o seu odor.

A definição AFNOR especifica que se trata de produtos obtidos quer de matérias-primas naturais por arrastamento de vapor, quer do epicarpo de citrinos por processos mecânicos que são separados da fase aquosa por métodos físicos, ou finalmente por destilação a seco. Esta definição corresponde também à da farmacopeia. Contudo, é restritiva e, para a indústria cosmética, os óleos essenciais podem ser obtidos por extracção utilizando um solvente ou por qualquer outro processo (gás sob pressão, em particular). Assim, obtemos cimentos, resinoides, absolutos (Martini e Seiller, 2006).

As essências não devem ser confundidas com óleos essenciais, embora seja muitas vezes habitual substituir uma pela outra. As essências são substâncias aromáticas naturais segregadas pela planta. Para os citrinos, a essência é extraída principalmente através da expressão da casca. Deveríamos dizer "essência de limão" e não "óleo essencial de limão". Durante a sua transformação por destilação, a essência sofre uma modificação bioquímica e torna-se óleo essencial. O óleo essencial é, portanto, a essência da planta destilada (10).

Os óleos essenciais devem o seu nome ao facto de serem muito refractários, hidrofóbicos e lipófilos. São muito pouco solúveis ou não se encontram de todo na água. Encontram-se no protoplasma como uma emulsão mais ou menos estável que tende a recolher em grandes gotículas. Por outro lado, são solúveis em solventes lipídicos (acetona, bissulfureto de carbono, clorofórmio, etc.) e, ao contrário dos glicerídeos, em álcool. Mas estas características de solubilidade são limitadas pela semelhança com óleos gordos (Benayad, 2008).

Ao contrário do que o termo poderia sugerir, os óleos essenciais não contêm substâncias gordas como óleos vegetais obtidos com prensas (girassol, milho, óleo de amêndoas doces, etc.) (Laffaire, 2008). Esta é a secreção natural produzida pela planta e contida nas células da planta, quer nas flores (ylang-ylang, bergamota, rosa), quer nos topos florais (calêndula, lavanda), ou nas folhas. (erva-limão, eucalipto), ou na casca (canela), ou nas raízes (vetiver), ou nos frutos (baunilha), ou nas sementes (noz-moscada), ou mesmo em qualquer outra parte da planta. O termo "óleo" é explicado pela propriedade destes compostos de se dissolverem em gorduras e pelo seu carácter hidrofóbico. O termo "essencial" refere-se à fragrância, o odor mais ou menos forte libertado pela planta.

Se os óleos essenciais formam uma mancha transparente no papel, desaparece rapidamente porque as essências vegetais são muito voláteis (ao contrário das resinas que, geralmente dissolvidas nas essências, deixam um resíduo viscoso ou sólido após a evaporação das essências). Graças a esta propriedade, as essências vegetais difundem-se rapidamente através da pele, mesmo através de cutículas espessas, e espalham-se na atmosfera. Este carácter, associado à propriedade que a maioria das essências vegetais tem de possuir um odor muito pronunciado, e frequentemente agradável, torna-as responsáveis pelo odor característico de muitas plantas perfumadas (Binet e Brunel 1967).

2.2. Localização do óleo essencial nas plantas

Os óleos essenciais são encontrados em todo o reino vegetal. No entanto, são particularmente abundantes em cerca de cinquenta famílias botânicas. Para além da família Annonaceae ou Annonaceae, que inclui ylang-ylang (Cananga odorata), outras famílias conhecidas por serem fontes importantes de óleo essencial são as seguintes:

- A família Apiaceae, também chamada Umbelliferae (Umbelliferae, nome alternativo), é uma família de plantas dicotiledóneas. De acordo com Watson & Dallwitz, inclui quase 3.000 espécies divididas em 420 géneros e encontram-se principalmente em regiões temperadas do mundo. É uma família relativamente homogénea, caracterizada em particular pela sua inflorescência típica, o umbelical. Apenas uma espécie tem uma importância económica significativa: a cenoura. Muitos fornecem condimentos populares, alguns são venenosos como a cicuta.
- A divisão ou ramo de pinófitas (ou coníferas), anteriormente conhecida sob o nome de coniferófitas ou Coniferophyta, inclui apenas uma classe: a de Pinopsida. São plantas vasculares de sementes de coníferas que apareceram na Terra há 150 milhões de anos, muito antes das árvores caducifólias. Todas as coníferas existentes são plantas lenhosas, a grande maioria das quais são árvores, sendo as outras arbustos. As coníferas mais comuns são cedros, ciprestes, douglas, zimbro, abeto, larício, pinheiro, pau-brasil, abeto e teixo.

- A família Cupressaceae, também chamada Cupressineae, é uma família de plantas de gimnospermas. O conteúdo desta família mudou muito entre a classificação clássica e a classificação filogenética.
- As Lamiaceae ou Labiatae (Lamiaceae, Labiaceae ou Labiaceae) são uma importante família de plantas dicotiledóneas que inclui cerca de 6.000 espécies e quase 210 géneros. A família Dicrastylidiaceae (também chamada Chloanthaceae) é incorporada na mesma pela classificação filogenética. Estes são 11 géneros de arbustos das regiões tropicais da África Oriental, Madagáscar, Mascarenes, Austrália e Ilhas do Pacífico. Alguns géneros da família Verbenaceae estão agora incluídos.

- A família Lauraceae é uma família de plantas angiospermas de antigas divergências, que inclui mais de 2000 espécies divididas em cerca de cinquenta géneros. Trata-se de árvores ou arbustos com folhas quase sempre verdes.
- A família Myrtaceae é uma família de plantas dicotiledóneas que inclui três mil espécies divididas em aproximadamente 48 a 134 géneros. São árvores e arbustos, frequentemente produtores de óleos aromáticos, desde zonas temperadas, subtropicais a tropicais, crescendo principalmente na Austrália e América tropical. Nesta família, podemos citar os géneros Eucalyptus.
- A família Piperaceae é uma família de plantas dicotiledóneas de antigas divergências. São arbustos, cipós ou pequenas árvores de regiões tropicais. Podemos citar o género Piper com Piper nigrum a planta da pimenta que produz pimenta preta (de facto preta, branca ou verde, dependendo do estágio de maturação da baga).

- A família Rutaceae é uma família da ordem Sapindales. Inclui 900 espécies divididas em 150 géneros. Hoje, a família é maior (160 espécies). São árvores, arbustos ou mais raramente plantas herbáceas de regiões temperadas a tropicais, produtoras de óleos essenciais. Os citrinos (como a laranja, o limão, etc.) pertencem a esta família.
- A família Zingiberaceae é uma família de plantas monocotiledóneas que inclui 700 espécies divididas em cerca de cinquenta géneros. São plantas herbáceas perenes, que produzem óleos essenciais, provenientes de regiões tropicais. Nesta família, várias espécies são utilizadas como especiarias, incluindo: gengibre, curcuma, cardamomo, galanga, pimenta-da-índia, zedoa, etc.

Uma planta pode dar vários óleos essenciais. A laranja, por exemplo, dá três óleos essenciais: a flor dá o neroli utilizado intensivamente como colónia, a folha dá o Petit Grain utilizado na criação refrescante, e a casca dá a essência utilizada nas notas frescas de topo (Smadja, 2009).

Podemos colocar-nos a questão de saber onde se encontram os óleos essenciais nas plantas. Todas as partes das plantas aromáticas, todos os seus órgãos vegetais, podem conter óleo essencial (Hurtel, 2006). O quadro seguinte ilustra esta diversidade.

Quadro 1: Algumas plantas oleaginosas essenciais e a parte da planta onde é extraída.

Parte usada da planta	Planta
Flores	Rosa, Jasmim, Mimosa, Flor de Laranjeira, Tubérculo, Camomila, Ylang-ylang, Cravinho, Helichrysum, ...
Fruta	Fava de baunilha, noz-moscada, baga de zimbro, paprica, cravo, fava tonka, funcho, anis, epicarpo de citrinos

Folhas, parte herbácea	Gerânio Rosa, Louro, Patchouli, Hortelã, Violeta, Laranjeira, Eucalipto, Tomilho, Sábio, Salva
Topos floridos	Lavanda, Lavandina, Manjericão, Alecrim, Tomilho, Salva, Estragão
Botão, botões de flores	Cassis
Sementes	Pimenta, Cardamomo, Café, Salsa, Endro, Cominho, Aipo, Alcaravia, Cenoura, Coentros, Noz-moscada
Raízes e rizomas	Íris, Vetiver, Gengibre, Angélica, Nard
Madeira e casca	Canela, Sândalo, Pau-rosa, Cedro
Espinhos e galhos	Abeto, Pinheiro, Cipreste, Abeto
Casca de fruta	Laranja, Limão, Bergamota
Resinas	Incenso, mirra, pinheiro
Planta inteira	Estragão, Manjericão

Fonte: Martini e Seiller, 2006 ; Hurtel , 2006. Traduzido do francês.

2.3. Componentes químicos do óleo essencial de ylang-ylang

O óleo essencial de Ylang-ylang é um líquido amarelo, de cheiro doce, composto por sesquiterpenos, álcoois, ésteres, fenóis e aldeídos. Contém um terço de benzoato de metilo, um líquido com um odor poderoso, com aromas de cravo que também se encontram nos óleos extraídos desta última flor.

Quadro 2: Composição química da segunda fracção de óleo de ylang-ylang (Hongratanaworakit *et al*, 2004).

Constituintes	**Percentagem**
Benzoato de metilo	34,00
4-metilanisol	19,82
Benzoato de benzilo	18,97
Isokaryphyllene	9,28
Germacrene D	8,15
α-farnesene	2,73
Acetato de Linalil	2,11

α-caryophyllene	2,04

A essência do ylang-ylang, também chamado óleo de Cananga, liberta uma fragrância que é ao mesmo tempo floral, picante, exótico, poderoso, canforico, medicado e ligeiramente frutado.

O cheiro do óleo essencial de ylang-ylang é exótico: florido e muito quente. A sua cor é amarelo pálido e a sua textura, xaroposa.

2.4. Descrição olfactiva dos principais constituintes aromáticos

Os principais constituintes do óleo essencial de ylang-ylang revelam a grande riqueza em diferentes classes de constituintes químicos. Para as moléculas principais, é dada uma descrição olfactiva a fim de melhor compreender a origem do cheiro específico do ylang-ylang (Dumortier, 2006, Valade, 2010).

2.4.1. Ésteres

Os ésteres são elementos odoríferos importantes (constituindo o aroma natural de muitas frutas) altamente valorizados em perfumaria. As 3 primeiras categorias de essências de ylang ("notas de topo") são as mais finas e suaves graças ao seu elevado teor de éster. A essência Extra S contém 60-65% de éster, enquanto a essência III contém apenas 15-20% de éster. O acetato de benzilo, (um dos constituintes mais significativos das categorias Extra S e Extra high), juntamente com o geranil, fornece notas florais-jasmim. O benzoato de metilo, o principal constituinte das fracções I e II, dá ao corpo frutado / floral (reminiscente de cravo).

2.4.2. Hidrocarbonetos terpénicos e sesquiterpénicos

Constituintes largamente presentes (até 40%) que criam a base das notas quentes sobre as quais as outras moléculas "penduram". Sesquiterpenos, como o germacreno e o farneseno, que transmitem notas florais amadeiradas e verdes são mais abundantes nas últimas fracções (Terceira essência). O cariofileno e o cadineno dão notas apimentadas e picantes.

2.4.3. Álcoois

Principalmente linalol (em grande proporção em Extra S e Extra) que dá as notas frescas e florais de limão (tais como coentros e manjericão). Geraniol, farnesol, eugenol e nerolidol estão também presentes, em proporções menores, por vezes em quantidades vestigiais.

2.4.4. Éteres

Em particular, o éter para-cresílico de metilo que transmite o odor ligeiramente medicado, difuso e penetrante das altas categorias Extra S e Extra.

2.4.5. Aldehydes

Constituintes que conferem um importante poder de difusão (insubstituível em perfumaria). O benzaldeído dá um carácter essencialmente frutado; os outros aldeídos ajudam a dar ao cheiro específico de ylang-ylang a sua intensidade.

2.4.6. Fenóis

Presente em pequenas quantidades mas em todas as categorias, em particular P-cresol, eugenol e isogenol que contribuem para as características das notas picantes e balsâmicas.

A composição do ylang-ylang é relativamente simples nos seus principais constituintes e isto contribuiu para o desenvolvimento de numerosas pesquisas para a sua reprodução por síntese, mas o resultado permanece sem comparação possível com a extrema riqueza do cheiro do ylang-ylang natural, em grande parte devido à presença de numerosos sesquiterpenos. Esta peculiaridade química explica em parte porque é que as sínteses de ylang não têm sido até agora muito competitivas, tanto do ponto de vista económico como do ponto de vista qualitativo, em comparação com o óleo essencial natural.

2.5. Métodos de extracção de óleos essenciais

Existem vários métodos para a extracção de óleos essenciais. Os principais baseiam-se em arrastamento de vapor, expressão, solubilidade e volatilidade. A escolha do método mais adequado é feita de acordo com a natureza do material vegetal a tratar, as características físico-químicas da essência a extrair, a utilização do extracto e o aroma inicial durante o curso. extracção (Samate, 2001).

O óleo essencial de ylang-ylang é obtido através da destilação das flores frescas de Cananga odorata (Lamarck) J.D. Hooker e Thomson variedade genuina (AFNOR, 2000a). A peculiaridade deste óleo é que geralmente não é recolhido como um óleo essencial completo, mas em cinco fracções sucessivas durante a sua destilação. São estas cinco fracções, denominadas respectivamente "Extra superior" (ES) "Extra" (E), "Primeiro" (I), "Segundo" (II) e "Terceiro" (III) que são normalmente comercializadas (Guenther, 1952). A mistura destas diferentes fracções dá o que se chama "óleo essencial completo" (13).

O rendimento em azeite varia em função da estação do ano e da duração da destilação. Em condições normais, é de cerca de 2 a 2,25%. Ou seja, para 100 kg de flores frescas, obtemos 2 a 2,25 kg de óleo, todas as categorias combinadas (Guenther, 1952). A extracção de óleos essenciais de ylang-ylang envolve um dos seguintes métodos.

2.5.1. Arrastamento a vapor

Sobre um sistema de dois líquidos completamente imiscíveis, a pressão de vapor é a soma das pressões de vapor dos dois componentes puros. Cada líquido emite a sua própria pressão de vapor. A pressão de vapor é portanto independente das composições globais, das quantidades dos componentes presentes e a composição da fase de vapor é tal que:

$$\frac{P_A}{P_B} = \frac{P_A^{\circ}}{P_B^{\circ}} = \text{constant}$$

e

$$P = P_A^{\circ} + P_B^{\circ}$$

Tal sistema ferve quando a pressão total P do vapor atinge a pressão atmosférica e portanto a uma temperatura abaixo do ponto de ebulição de cada um dos dois constituintes puros. A temperatura de ebulição permanece constante até que um dos dois constituintes se esgote. Esta técnica de "co-destilação" baixa a temperatura de destilação de um composto termicamente sensível até ao seu ponto de ebulição normal. Após a destilação, os dois compostos são facilmente separáveis, uma vez que são imiscíveis. Contudo, a maioria dos compostos voláteis contidos nas plantas podem ser arrastados pelo vapor de água, devido ao seu ponto de ebulição relativamente baixo e ao seu carácter hidrofóbico. Este é o caso dos óleos essenciais. Sob a acção do vapor de água introduzido ou formado no extractor, a essência é libertada do tecido vegetal e é arrastada pelo vapor de água. A mistura de vapor é condensada numa superfície fria e o óleo essencial separa-se por decantação (Bruneton, 1993).

Dependendo da sua densidade, pode ser recolhido a dois níveis: no nível superior do destilado, se for mais leve que a água, que é frequente; no nível inferior, se for mais denso que a água. As principais variantes de extracção por decapagem a vapor são a hidrodistilação, a destilação a vapor saturado e a hidrodifusão. Chamamos "água aromática" (não confundir com água aromatizada) ou "hydrosol" ou "água destilada floral" ao destilado aquoso que permanece após a destilação a vapor, uma vez realizada a separação do óleo essencial.

2.5.2. Hidrodistilação

O princípio da hidrodistilação é o da destilação de misturas binárias imiscíveis. Consiste em mergulhar a biomassa vegetal num alambique cheio de água, que é depois levada à ebulição. O vapor de água e a essência libertada pelo material vegetal formam uma mistura imiscível. Os componentes de uma tal mistura comportam-se como se cada um estivesse sozinho à temperatura da mistura, ou seja, a pressão parcial do vapor de um componente é igual à pressão do vapor da substância pura. Este método é simples em princípio e não requer equipamento dispendioso. No entanto, devido à água, a acidez, a temperatura do meio, reacções de hidrólise, rearranjo, racemização, oxidação, isomerização, etc., podem ocorrer, o que pode levar a uma desnaturação muito significativa.

O objectivo da hidrodistilação é em primeiro lugar libertar no estado de vapor a substância odorífera incorporada no material vegetal (Dumortier, 2006), que tem lugar num alambique, depois devolvê-lo ao estado de líquido para o recuperar, operação que ocorre num refrigerante (Laffaire, 2008). O alambique, no qual as flores são colocadas em água a ferver, é superado por um capital que é fechado, quer hermeticamente, quer por um selo hidráulico formado entre o alambique e o capital. Este último é continuado por um pescoço de cisne, através do qual os vapores são libertados, que é prolongado por uma bobina que mergulha na água do refrigerante. Os vapores que entram na serpentina fria condensam para produzir um vácuo que provoca um novo chamamento de vapores do alambique. A extremidade da serpentina permite que os produtos condensados (óleo e hidrosol) fluam para o vaso Florentine. Rapidamente, as gotículas do líquido formam-se e sobem à superfície da água, sendo a sua densidade inferior a isso. Tudo o que tem de fazer é recolher o óleo à superfície, enquanto a água abaixo regressa ao alambique. A destilação durará entre 10 e 20 horas e por vezes mais.

As vantagens deste método são a simplicidade do dispositivo e os baixos investimentos (Laffaire, 2008). A hidrodistilação evita a extracção de compostos não voláteis (El Kalamouni, 2010). As desvantagens são a degradação devida à água que provoca a hidrólise dos ésteres, principalmente se a água não estiver suficientemente quente antes da imersão das flores (Laffaire, 2008).

2.5.3. Destilação a vapor saturado

A destilação a vapor saturado é o método mais utilizado actualmente na indústria para a obtenção de óleos essenciais a partir de plantas aromáticas ou medicinais. Em geral, é realizada à pressão atmosférica ou próxima desta e a 100°C, o ponto de ebulição da água. A sua vantagem é que as alterações do óleo essencial recolhido são minimizadas.

Contudo, este método está próximo da hidrodistilação com a diferença fundamental de que quando as destilações são efectuadas por arrastamento de vapor, é colocada uma grelha perfurada no fundo do alambique (Guenther, 1952) e o material vegetal é colocado sobre estas placas perfuradas. Isto tem a vantagem de não colocar a água e as flores em contacto, impedindo assim que as flores adiram ao fundo do alambique, queimando e conferindo um sabor desagradável ao produto destilado. Além disso, a fragrância do óleo essencial obtido é mais delicada e a destilação, mais uniforme, regular e rápida, significa que as notas superiores são mais ricas em ésteres (menos hidrolisados). O arrastamento a vapor também pode ser feito com um gerador de vapor separado. Os benefícios são um melhor controlo da temperatura, isolamento térmico do sistema e menos degradação do óleo. No entanto, este dispositivo é mais complexo e mais caro (Dumortier, 2006).

2.5.4. Hidrodifusão

Consiste em vapor de água pulsante através da massa vegetal, de cima para baixo. Assim, o fluxo de vapor que passa através da biomassa vegetal é descendente, ao contrário das técnicas convencionais de destilação em que o fluxo de vapor é ascendente. A vantagem desta técnica reflecte-se na melhoria qualitativa e quantitativa do óleo colhido, poupando tempo, vapor e energia.

2.5.5. Expressão fria

A extracção por expressão fria é frequentemente utilizada para extrair óleos essenciais de citrinos como limão, laranja, tangerina, etc. O seu princípio consiste em quebrar mecanicamente as bolsas de essência. O óleo essencial é separado por decantação ou centrifugação. Outras máquinas partem as bolsas por depressão e recolhem directamente o óleo essencial, o que evita a degradação ligada à acção da água.

2.6. Outros métodos de obtenção de extractos voláteis

2.6.1. Extracção por solventes

Este método de extracção baseia-se no facto de as essências aromáticas serem solúveis na maioria dos solventes orgânicos. A extracção é realizada em extractores de várias construções, contínuos, semi-contínuos ou descontínuos. O processo consiste em esgotar o material vegetal com um solvente de baixo ponto de ebulição que será subsequentemente removido por destilação sob pressão reduzida. A evaporação do solvente dá uma mistura odorífera de consistência pastosa da qual o óleo é extraído pelo álcool. A extracção com solvente é muito cara devido ao custo do equipamento e ao elevado consumo de solventes. Outra desvantagem desta extracção com solventes é a sua falta de selectividade; como resultado, muitas substâncias lipofílicas (óleos fixos, fosfolípidos, carotenóides, ceras, cumarinas, etc.) podem ser encontradas na mistura pastosa e requerem uma purificação subsequente (Brian, 1995).

2.6.2. Extracção por substâncias gordas

O método de extracção por substâncias gordas é utilizado na floração no tratamento de partes frágeis de plantas como as flores, que são muito sensíveis à acção da temperatura. Tira partido da lipossolubilidade dos componentes odoríferos das plantas em substâncias gordas. O princípio é colocar as flores em contacto com uma substância gorda para a saturar com essência vegetal. O produto obtido é uma pomada floral que é depois esgotada por um solvente que é removido sob pressão reduzida. Nesta técnica, podemos distinguir o enfleurage onde a saturação ocorre por difusão à temperatura ambiente dos aromas ao corpo gordo e a digestão que é realizada a quente, por imersão dos órgãos vegetais no corpo gordo (Brian, 1995).

2.6.3. Extracção por micro-ondas

O processo de extracção por microondas denominado "Hidrodistilação por Microondas a Vácuo (VMHD)" consiste na extracção do óleo essencial utilizando uma radiação de microondas de energia constante e uma sequência de aspiração. Apenas a água contida no material vegetal tratado entra no processo de extracção das essências. Sob o efeito combinado do aquecimento selectivo das micro-ondas e da pressão sequencialmente reduzida na câmara de extracção, a água que constitui o material vegetal fresco ferve subitamente. O conteúdo das células é assim mais facilmente transferido para o exterior do tecido biológico, e a essência é então implementada por condensação, arrefecimento dos vapores e, em seguida, assentamento dos condensados. Esta técnica tem as seguintes vantagens: rapidez, economia de tempo, energia e água, extracto sem solvente residual (Mompon, 1994; Brian, 1995).

2.7. Dispositivos para a extracção de essências

O dispositivo a utilizar para qualquer dos métodos de extracção de óleo essencial dependerá das quantidades desejadas. Num laboratório, ficaremos satisfeitos com um conjunto de destilação do tipo Clevenger. Na indústria ou no artesanato, todo o dispositivo utilizado para a extracção de óleo essencial é o alambique:

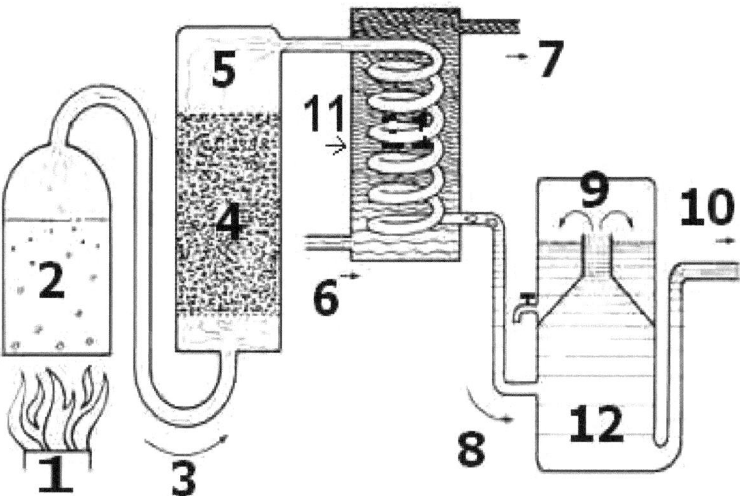

Figura 4: Diagrama esquemático de um alambique utilizado para a extracção de óleos essenciais

Componentes de um alambique :

1 : fonte de aquecimento
2 : água
3 : vapor de água
4 : plantas aromáticas
5 : vapor de água carregado com EO
6 : água fria
7 : água quente
8 : água + EO
9 : óleo essencial (EO)
10 : hidrosol
11 : serpentina
12 : essenciador

Os quatro elementos essenciais de um alambique são: um tanque (4) no qual são colocadas as plantas a destilar. Este tanque pode ser feito de cobre, vidro ou aço inoxidável e de tamanho variável. As plantas são separadas da água no mesmo aquário: são alambiques com fogo separado. O tanque pode ser aquecido de diferentes formas: banho-maria, madeira, caldeira separada. O aquário é coberto por um capital que é estendido por um pescoço de cisne. Este pescoço de cisne é ligado a uma serpentina de arrefecimento (11). Para tal, é imerso num tanque de água fria. A bobina conduz ao essenciador (vaso florentino), equipado com duas torneiras. A inferior (10) recolhe o hidrosol ou água floral e a superior recolhe o óleo essencial. A essência (12) é de preferência feita de aço inoxidável.

2.8. Identificação e análise cromatográfica

A análise dos EOs, a identificação dos constituintes, a busca de possíveis falsificações pode ser feita utilizando técnicas como a cromatografia de gás em fases polares, não polares ou estacionárias quirais, acoplada à detecção por espectrometria de massa ou IRTF (transformada de Fourier em infravermelhos). A análise isotópica, por exemplo, medindo rácios 13C / 12C, D / H10 ou 18O / 16O também pode ajudar na procura de fraude.

Contudo, rotineiramente e de acordo com as normas tradicionais (Farmacopeia Europeia, ISO, AFNOR), a avaliação da qualidade das OE é realizada através da medição de um certo número de índices e análises cromatográficas simples:

(a) Índices físicos:

- densidade relativa,
- índice de refracção,
- ângulo óptico de rotação,
- ponto de solidificação, resíduo de evaporação,
- solubilidade em álcool ...

(b) Índices químicos:

- número de acidez,
- índice de éster,
- índice de peróxidos ...

(c) Análises cromatográficas:

- Cromotografia de camada fina,
- cromatografia líquida de alto rendimento (HPLC)
- cromatografia gasosa (Pharmacopoeia, ISO, AFNOR).

Este último é o método de escolha que permite realizar o perfil cromatográfico do óleo essencial, e especificar o seu quimiotipo.

A estes parâmetros, é também possível acrescentar características organolépticas tais como aparência, cor e odor. Podemos salientar que os óleos essenciais são geralmente líquidos à temperatura ambiente, com odores aromáticos, raramente coloridos quando estão frescos. A sua densidade é mais frequentemente mais baixa do que a da água. Têm um alto índice de refracção e, na maioria das vezes, são dotados de um poder rotativo. São voláteis e entraingáveis pelo vapor de água, conferem-lhe o seu odor. São solúveis em álcool, éter, óleos fixos e a maioria dos solventes orgânicos. (Guenter, 1975).

As primeiras partes da essência entragada contêm os constituintes mais desejáveis do óleo essencial (finura e riqueza em éster), enquanto as fracções destiladas a seguir são constituídas por sesquiterpenos que são menos ricos em odor. Há, portanto, um declínio gradual na qualidade do óleo essencial à medida que este é produzido. A arte do destilador será a de separar estas diferentes qualidades por fraccionamento. O objectivo é isolar cada uma das categorias de óleo essencial de ylang-ylang nomeadamente o "Extra superior" (Es), o "Extra" (E), o "Primeiro" (I), o "Segundo "(II) e o" Terceiro "(III).

2.9. Princípios para determinar os índices de qualidade

2.9.1. Índice de ácido

As essências são ésteres de glicerol, triglicéridos ou substâncias gordurosas. Com o tempo, os triglicéridos deterioram-se ao hidrolisarem-se lentamente nos ácidos gordos correspondentes e no glicerol.

$$R-C(=O)-O-R' + H_2O \rightleftharpoons R-C(=O)-O-H + R'-OH$$

Ester **Water** **Acid** **Alcohol**

Ou, no caso de um triglicérido

$$\begin{array}{lclcl} R_1-COO-CH_2 & & & R_1COOH & HO-CH_2 \\ \quad\quad\quad\; | & & & & \quad\;\; | \\ R_2-COO-CH & + \; 3\,H_2O & \rightleftharpoons & R_2COOH \; + & HO-CH \\ \quad\quad\quad\; | & & & & \quad\;\; | \\ R_3-COO-CH_2 & & & R_3COOH & HO-CH_2 \end{array}$$

triester fat (triglyceride)	**water**	**carboxylic acides**	**propan-1,2,3-triol (glycerol)**

Um baixo valor ácido indica uma boa conservação do óleo essencial. No caso do ylang-ylang, o valor deve ser inferior a 2. De facto, durante a sua produção, um óleo de qualquer qualidade contém muito pouco ácido; só quando armazenado é que ganhará em ácido, tornando-se gradualmente inutilizável.

Este método é adequado para todos os óleos essenciais, excepto para aqueles que são ricos em lactonas. Estes são ésteres internos que provêm da esterificação de radicais ácidos e alcoólicos contidos na mesma molécula. As lactonas têm geralmente um poderoso odor frutado ou leitoso, semelhante ao pêssego e ao coco, mas também à erva cortada fresca e à manteiga. Estão presentes, por exemplo, em óleos essenciais de fava Tonka sob a forma de cumarina, óleos essenciais de aipo sob a forma de sedanolide, bem como em óleos essenciais de raízes costais sob a forma de costuslactona. Ainda se encontram nos óleos essenciais de raízes de Elecampane sob a forma de alantolactona ou helenina, e nos óleos essenciais de limão e bergamota sob a forma de citrapten e bergapten. Felizmente, estes ésteres não estão presentes no óleo essencial de ylang-ylang.

O número de ácido indica a quantidade de ácidos gordos livres num óleo. É definido como a massa de hidróxido de potássio, expressa em mg, necessária para a titulação de todos os ácidos livres contidos em 1,0 g deste óleo. O óleo degradado contém cada vez mais ácidos livres, o que aumenta o seu número de ácidos. A medição desta acidez livre é um meio de determinar a sua deterioração.

2.9.2. Índice Ester

O índice éster é um indicador que se refere directamente à qualidade da essência estudada. Isto porque os óleos essenciais de muito boa qualidade contêm uma quantidade muito grande de ésteres (e proporcionalmente, quanto menor for a qualidade de um óleo, menos ésteres ele conterá). O teste do número de ácidos é um método indirecto para determinar o nível de éster no óleo essencial. Durante a hidrólise de um éster (em água), é observado o aparecimento de ácido. O índice de éster corresponde à massa da base necessária para neutralizar os ácidos libertados durante a hidrólise dos ésteres, e para determinar esta massa de potássio consumida durante a reacção, procederemos a uma dosagem posterior (através da dosagem do excesso de potássio com ácido clorídrico para determinar a quantidade, e portanto a massa de potássio utilizada para neutralizar os ácidos).

A hidrólise de um éster é a reacção inversa da esterificação: a água reage com um éster para formar um álcool e um ácido carboxílico. É este ácido formado que é doseado com KOH.

2.9.3. Índice de refracção

O índice de refracção (RI) é a razão entre o seno do ângulo de incidência e o seno do ângulo de refracção de um raio de luz de determinado comprimento de onda que passa do ar para o óleo essencial mantido a uma temperatura constante (Dumortier, 2006; Fauconnier, 2006). Os índices de refracção são medidos utilizando um refractómetro à temperatura ambiente e depois levados a 20 °C pela seguinte fórmula (Kabera et al, 2004):

$$\boldsymbol{RI_{20} = RI_t + 0.00045 \times (t - 20)}$$

Com RI_{20} : índice de refracção a 20°C

RI_t : índice de refracção à temperatura ambiente ou quando medido ;

t : temperatura ambiente ou de medição.

2.10. Condições de conservação e armazenamento

A relativa instabilidade das moléculas constituintes das OE implica precauções especiais para a sua conservação. De facto, as possibilidades de degradação são numerosas, facilmente objectivadas pela medição de índices químicos (número de peróxidos, número de ácidos, etc.), pela determinação de quantidades físicas (índice de refracção, rotação óptica, miscibilidade com a água, etanol, densidade...) e/ou pela análise cromatográfica. As consequências são múltiplas, por exemplo, a foto-isomerização, fotociclização, clivagem oxidativa, peroxidação e decomposição em cetonas e álcoois, termo-isomerização, hidrólise, transesterificação. Como estas degradações podem modificar as propriedades e/ou comprometer a inocuidade do óleo essencial, devem ser evitadas: utilização de garrafas limpas e secas em alumínio pintado, em aço inoxidável ou em vidro colorido anti-actinico, quase inteiramente enchido e selado (o espaço livre sendo preenchido com azoto ou outro gás inerte), armazenamento protegido do calor e da luz. Em alguns casos, um antioxidante apropriado pode ser adicionado ao óleo essencial. Neste caso, este aditivo deve ser mencionado aquando da venda ou utilização do óleo essencial. Além disso, podem existir sérias incompatibilidades com certas embalagens de plástico. Existem normas específicas sobre a embalagem, acondicionamento e armazenamento de EO (norma AFNOR NF T 75-001, 1996), bem como sobre a marcação de recipientes contendo EO (norma NF 75-002, 1996).

Capítulo 3: Potenciais bioeconómicos do óleo essencial de Cananga odorata

3.1. Propriedades e utilizações do óleo essencial de Cananga odorata

3.2. Outras utilizações da árvore ylang ylang

3.3. Padrões de qualidade de um óleo essencial de ylang-ylang

3.4. Mercado de óleo essencial de ylang-ylang

3.5. Perspectivas bioeconómicas do cultivo da árvore de Cananga odorata

« O cheiro do cheiro do ylang-ylang é único, desapologético, desenfreado, hipnótico, colorido, solar e exótico. Transporta-o para uma natureza luxuriante e intoxicante que o faz sonhar com umas férias nos trópicos".

3.1. Propriedades e utilizações do óleo essencial de Cananga odorata

3.3.1. Utilização em perfumista y

Uma das principais matérias-primas para perfumes de muito alta qualidade é o óleo de ylang-ylang de grau "extra superior" ou "extra". De facto, pode ser encontrado em "L'Air du Temps" de Nina Ricci, em "Wind Song" de Matchabelli ou em "Chanel N° 5". Também em "Opium" de Yves Saint Laurent; em "Joy de Patou", Samsora de Guerlin, clássico Jean-Paul Gaultier, Faubourg Hermès, Ange ou Démon de Givenchy, Colecção Privada Amber Ylang de Estée Lauder (Laffaire, 2008; Camille, 2010). Para além do seu perfume, tem a vantagem de ser mais solúvel em álcool do que as qualidades mais baixas.

3.3.2. Utilização em aromaterap y

Diz-se que o óleo essencial de Ylang-ylang tem múltiplas propriedades: seria um excelente redutor de hiperpneia e taquicardia. É também apreciado pelas suas qualidades de antidepressivo, hipotensor, sedativo, anti-séptico para o tracto intestinal e pela sua influência benéfica nos problemas de circulação sanguínea. (Laffaire, 2008). É um calmante respiratório, bronquite asmatiforme, calmante cardíaco, antiarrítmico, antiespasmódico, palpitação extra-sistólica, tónico, estimulante intelectual e sexual, astenia sexual, impotência, frigidez, afrodisíaco, regenerador celular, tónico de pele e cabelo de todos os tipos, eczema, pele asfixiada ou cansada, dermatite de origem psicossomática, prurido, prurigo, urticária, pitiríase, sarna, radioterapia, anti-séptico, virucida, acção sobre parasitas intestinais, seborregulatório, antidiabético, contractura e cãibras musculares, cistite, uretrite, espasmo ginecológico, analgésico (14). O óleo essencial completo de ylang ylang é particularmente adequado para aromaterapia (15). Tem múltiplas propriedades medicinais, algumas das quais devem ser mencionadas aqui.

3.3.3. Propriedades médicas

(a) Indicação

O óleo essencial completo de ylang-ylang é valorizado pelas suas virtudes (16):

- **Antidepressivo:** Esta é uma das mais antigas propriedades medicinais conhecidas do ylang-ylang. Combate a depressão e relaxa o corpo e a alma, o que afasta a ansiedade, a tristeza, etc. Tem também um efeito estimulante no humor e induz sentimentos de alegria e esperança. Pode ser um tratamento eficaz para aqueles que sofrem de colapso nervoso e depressão aguda após choque, acidente, etc.
- **Anti-seborreico:** O seborreia ou eczema seborreico é uma doença terrível que é causada por um mau funcionamento das glândulas sebáceas resultante da produção irregular de sebo e, consequentemente, infecção das células epidérmicas. Fica muito feio quando a pele, de cor branca ou amarelo pálido, seca ou oleosa, começa a descascar, especialmente do couro cabeludo, sobrancelhas e onde quer que haja folículos capilares. O Óleo Essencial de Ylang-Ylang pode ser benéfico para curar esta condição inflamatória e reduzir a descamação da pele, regulando a produção de sebo e tratando a infecção da pele.
- **Antiséptico:** Qualquer ferida aberta, abrasão ou queimadura pode desenvolver infecção bacteriana. O medo é duplicado quando a ferida é causada por um objecto de ferro, pois existe o risco de que este objecto seja infectado com germes do tétano. O óleo essencial de Ylang-ylang pode ajudar a prevenir a infecção pelo tétano porque inibe o crescimento microbiano e desinfecta as feridas. Esta propriedade do óleo essencial de

ylang-ylang protege as feridas contra a infecção por bactérias, vírus e fungos. Desta forma, acelera também a cicatrização.

- **Afrodisíaco:** O óleo essencial de Ylang-ylang pode realmente activar a libido e dar aos casais um momento reconfortante. Isto pode ser de grande benefício para as pessoas que perdem o interesse pelo sexo devido à enorme carga de trabalho, stress laboral, preocupação e os efeitos da poluição. A perda de líbido ou frigidez é um problema cada vez mais alarmante na vida dos residentes metropolitanos. Aqui, este óleo pode ser de grande ajuda.
- **Hipotensivo:** Este óleo é um agente muito bom para baixar a pressão arterial. Num cenário em que a pressão arterial é um problema alarmante entre jovens e idosos, enquanto outros medicamentos para baixar a pressão arterial têm efeitos secundários adversos para a saúde, o óleo de ylang-ylang pode ser um porto seguro. É natural e não tem efeitos secundários adversos para a saúde se tomado em quantidades prescritas.
- **Equilíbrio nervoso:** O óleo essencial de ylang-ylang é um regenerador de saúde para os nervos. Fortalece o sistema nervoso e restabelece os danos. Para além disso, reduz o stress e protege os nervos. Pode também ajudar a curar distúrbios nervosos.
- **Sedativo:** Este óleo acalma as aflições nervosas, o stress, a raiva e a ansiedade e induz uma sensação de relaxamento.
- **Outros benefícios:** Pode ser utilizado para curar infecções em órgãos internos tais como estômago, intestinos, cólon, tracto urinário, etc. É também indicado para pessoas que sofrem de insónia, fadiga, frigidez e outras formas de stress. É extremamente eficaz na manutenção do equilíbrio de humidade e gordura na pele e cuida bem da mesma.

(b) Contra-indicações

Um óleo essencial benéfico em tempos normais pode provar, durante a gravidez, ser tóxico ou mesmo perigoso para o nascituro. As mulheres grávidas devem, portanto, utilizar óleos essenciais com grande cautela e precaução (17).

(c) Precauções

Esta informação é fornecida para fins informativos. Em qualquer caso, não podem substituir uma consulta médica ou assumir a nossa responsabilidade (18). Se necessário, por favor consultar um especialista em aromaterapia.

3.2. Outras utilizações da árvore ylang-ylang

As virtudes do ylang ylang não são apenas a prerrogativa do óleo essencial extraído das flores. Na verdade, todas as partes da árvore são importantes, como mostra a tabela seguinte:

Tabela 3: Utilização de partes da árvore ylang-ylang

Parte da planta	Utilização	Referência
Frutos	Consumidos por aves, especialmente colombídeos como o carvoeiro de Müller (Ducula mullerii), consumidos por morcegos da fruta, roedores, macacos, esquilos, etc.	Laffaire, 2008 (19)
Madeira	Utilizado como material de construção para canoas, mós, caixotes, barcos de pesca, cordas. Utilizado como lenha.	
Casca	Usado para tratar dores de estômago ou como um laxante	Laffaire, 2008 (20)
Folhas	Usado para extrair um óleo essencial com propriedades afrodisíacas e eufóricas, e usado em aromaterapia para tratar insónia	

Flores secas	Utilizado em Java como remédio para a malária	Laffaire, 2008 (21)
Flores frescas	Usado para tratar a asma. Utilizado como ornamento e considerado como símbolo de casamento nas Comores	

3.3. Padrões de qualidade de um óleo essencial de ylang-ylang

A qualidade impõe uma série de regras. Estas regras referem-se principalmente às características físicas (densidade, rotação óptica, índice de refracção, solubilidade em álcool, ponto de fusão), propriedades organolépticas (cor, aparência, odor), propriedades químicas (índice ácido e índice éster), o perfil cromatográfico e a quantificação relativa dos diferentes constituintes (AFNOR, 2000a). Um óleo de qualidade muito elevada terá, portanto, uma maior densidade relativa, poder rotatório e índice de éster do que um óleo de baixa qualidade, mas terá um índice de refracção mais baixo (Laffaire, 2008). O número de ácido deve ser sempre inferior a 2 (AFNOR, 2005).

3.4. Mercado do óleo essencial de ylang-ylang

As essências de Ylang-ylang vêm na forma de líquidos mais ou menos amarelos escuros, dependendo da categoria e do tipo de ainda utilizado. Elas libertam um aroma muito rico, suave e poderoso, do tipo "quente-floral-laranja", um pouco reminiscente de jasmim e lírio, tanto floral como frutado, picante, exótico, com notas ligeiramente camfóricas, deixando um ligeiro carácter de droga característica (Valade, 2010). O seu cheiro é diferente do da flor fresca. É aconselhável mantê-la em frascos coloridos para evitar a sua destruição pela luz solar.

O preço de venda por quilo depende em primeiro lugar da fracção do petróleo considerada. De facto, se o óleo tiver uma densidade inferior a 0,925 (limite estabelecido pelas normas AFNOR abaixo do qual o óleo é considerado de qualidade III), o preço deste óleo é de cerca de 16,24 EUR por quilo (em Mayotte). Se o óleo tiver uma densidade maior ou igual a 0,925, o seu preço dependerá do número de "graus" de densidade superior a 0,900. Em Agosto de 2009, o preço por "grau" era de 1,5 EUR em Mayotte (Benini et al, 2010).

Assim, se o petróleo tem uma densidade de 0,965 e o preço por "grau" é de 1,5 EUR, o preço por quilo é calculado da seguinte forma: (965-900) x1,5 = 97,5 Eur/Kg (PAFR, 1998; Manner e Elevitch, 2006). Camille (2010) descreve uma empresa BeHave que, nas Comores, tem vindo a comprar desde 2010 a 50 cêntimos de euro por quilo de flores colhidas.

Capítulo 4 : Óleo essencial extraído de árvores ylang-ylang cultivadas na planície de Imbo, no Burundi ocidental

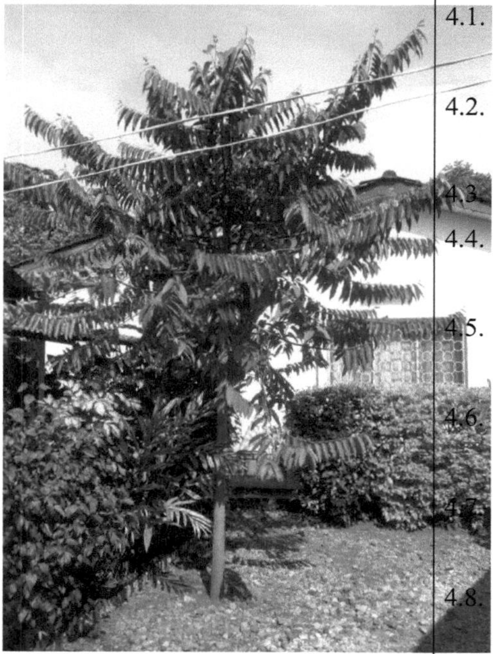

4.1. Método de amostragem e extracção
4.2. Materiais e produtos químicos
4.3. Modo de funcionamento
4.4. Determinação da densidade
4.5. Determinação do índice de refracção
4.6. Determinação do índice de acidez
4.7. Determinação do índice de éster
4.8. Propriedades e particularidades do óleo essencial de ylang-ylang da planície de Imbo

« Com o seu índice de éster excepcionalmente elevado, o óleo essencial de ylang-ylang do Burundi quebra definitivamente os recordes de qualidade dos dois nichos actualmente existentes, nomeadamente o nicho Comores-Mayotte e o nicho Madagáscar".

4.1. Método de amostragem e extracção

A amostragem foi realizada no restaurante de bar SAFRAN na comuna de ROHERO, e numa árvore localizada nas Galerias ELITE, localizada em 83 Chaussée Prince Louis RWAGASORE, comuna de ROHERO (foto acima na caixa). A comuna ROHERO é a mais importante em termos de árvores e jardins em todas as comunas que compõem a Câmara Municipal de BUJUMBURA. A colheita foi realizada na primeira quinzena de Fevereiro de 2012 (31 de Janeiro de 2012 e 7 de Fevereiro de 2012, respectivamente).

A extracção pelo método de hidrodistilação foi realizada no laboratório CRUPHAMET, seguindo o protocolo definido no segundo capítulo. A destilação teve de ser feita directamente após a colheita das flores maduras para evitar o risco de fermentação.

4.2. Material e químicos

O conjunto utilizado para a hidrodistilação é um conjunto do tipo Clevenger na figura 6:

- manta de aquecimento
- refrigerador de água
- stand
- Erlenmeyer
- Balão de 100ml
- manobrista do elevador
- funil de separação
- balança analítica
- água destilada
- flores de ylang-ylang

4.3. Protocolo de trabalho

1. Num frasco de 2000ml, adicionar 100g de flores de ylang-ylang e 1000ml de água destilada;
2. Efectuar a seguinte montagem (diagrama de blocos);

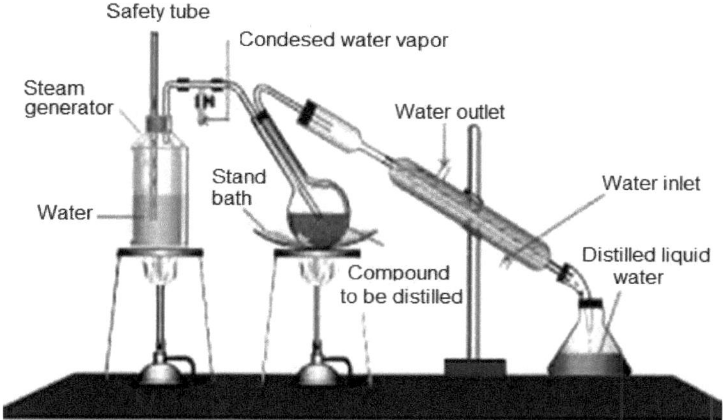

Figura 5 : Conjunto de hidrodistilação tipo Clevenger

3. Iniciar o refrigerante ajustando o fluxo de água;
4. Ligar o aquecedor;
5. ES, E essências são destiladas nas primeiras duas horas, a primeira é obtida após duas a três horas e a segunda é obtida uma ou duas horas mais tarde;
6. Após estas fracções, adicionar mais água e permitir que a destilação continue; a essência recolhida é a terceira fracção chamada fracção de cauda. O tempo total de extracção é de 20 a 24 horas;
7. Transferir o destilado resultante para a ampola de decantação;
8. Adicionar 100 ml de água salgada ao destilado (porque a solubilidade da essência na água salgada é baixa, adiciona-se água salgada para separar a essência e o poço de água);

9. Agitar, tendo o cuidado de purgar o bulbo regularmente para desgaseificar, retirar a tampa e esperar pelo menos cinco minutos;
10. Separar as duas fases por decantação;
11. Secar o óleo essencial encontrado sobre sulfato de sódio durante 24 horas;
12. Proceder com a determinação do rendimento.

O rendimento expresso em percentagem é o rácio entre a quantidade de petróleo recolhida após destilação e a quantidade de biomassa (Kabera et al, 2004).

$$\rho = \frac{m_{EO}}{m_{DF}} \times 100$$

onde ρ = rendimento,

m_{EO} = massa do óleo essencial,

m_{DF} = flores destiladas em massa

4.4. Determinação da densidade

A densidade de um óleo é a razão entre a massa de um determinado volume de petróleo a 20 °C e a massa de um volume igual de água destilada a 20 °C (Dumortier, 2006). A densidade deve ser corrigida tendo em conta a temperatura de acordo com a seguinte fórmula (Fauconnier, 2006):

$$d_{20} = d_{mes} + (t_{samp} - 20) \times 0.00073$$

Ave c d_{mes} : densidade medida

$t_{éch}$: temperatura da amostra

4.5. Determinação do índice de refracção

Quando a luz muda de velocidade à medida que passa de um meio para outro, chamamos-lhe "refracção". Este princípio pode ser visto claramente a olho nu; por exemplo, quando se olha para um remador no rio, onde um remo parece estar dobrado ao passar através da água.

O índice de refracção é medido por um refractómetro. Um refractómetro é um instrumento concebido para medir uma constante óptica, que é uma característica do material a ser examinado. Esta constante óptica é conhecida como "Índice de refracção" e pode ser utilizada para dar informações valiosas sobre o material a ser testado.

A definição fundamental do índice de refracção é baseada na velocidade da luz. A luz viaja a uma velocidade constante no vácuo (aproximadamente 300.000 km/segundo), mas a velocidade é reduzida quando a luz passa por qualquer outro meio. A razão destas duas velocidades é o índice de refracção do meio.

$$Refractive\ Index\ of\ a\ given\ susbstance = \frac{Speed\ of\ light\ in\ vaccum}{Speed\ of\ light\ in\ substance}$$

O índice refractivo foi determinado no Laboratório de Físico-Química da Faculdade de Ciências utilizando o refractómetro ABBE (modelo Bellingham-Stanley).

4.6. Determinação do número de ácido

O índice ácido é um índice muito bom de conservação do óleo essencial, e corresponde aqui à relação entre a massa de hidróxido de potássio necessária para reagir com todos os ácidos inicialmente presentes no óleo e a massa da amostra de óleo (anotada aqui como m_A) utilizada para a experiência.

O número de ácido foi determinado no laboratório CRUPHAMET, procedendo como indicado no protocolo seguinte.

a) Equipamento necessário

Para além do habitual equipamento de laboratório, e em particular uma bureta de 25 ml graduada em 0,1 ml com o seu suporte e uma pipeta com uma marca de 5 ml, é necessário ter um Erlenmeyer de 250 ml com colo largo e feito de um vidro resistente aos álcalis (borosilicato), e um par de copos adicionais de 100 mL.

Também são necessários 100 mL de copo é uma balança analítica a 0,001g, uma bureta de 25 mL graduada em 0,05 mL, agitador magnético e barra magnética.

b) Reagentes químicos requeridos

Uma solução de etanol 95% V/V, recentemente neutralizada com a solução KOH na presença de fenolftaleína ou vermelho de fenol quando o óleo essencial contém substâncias compostas de grupos fenólicos. O papel do etanol é o de permitir um melhor contacto entre os reagentes. De facto, "dissolve" tanto o ácido gordo como o potássio.

Outros reagentes químicos necessários são água destilada, hidróxido de potássio a 0,002 $mol.L^{-1}$, indicador colorido (azul de bromotímol ou vermelho de fenol) e, claro, óleo essencial de Ylang Ylang a ser analisado.

c) Determinação e *expressão dos* resultados

Em primeiro lugar, neutralizar o etanol com a solução de hidróxido de potássio. Para isso, colocar primeiro a solução de etanol (C_2H_6O) num copo (volume não importa) e adicionar algumas gotas de BBT. Depois dosear o etanol com o potássio até a solução ficar verde (característica qualitativa do pH neutro).

Durante a dosagem do ácido pelo potássio, o etanol (neutralizado com hidróxido de potássio) desempenhará o papel de solvente para os ácidos gordos contidos no óleo essencial e o hidróxido de potássio contido na fase aquosa.

Para isso, pesar 2g de óleo num copo utilizando a balança analítica. Usando um cilindro graduado de 10 mL, colocar 5 mL de etanol neutralizado no copo que contém o óleo, adicionar 3 gotas de indicador colorido à mistura de reacção. Em seguida, dosear a mistura de reacção com hidróxido de potássio. Notar o volume da alteração da solução titulada (normalmente azul) indicando a alteração do reagente e aplicar a fórmula :

m_A = massa em gramas de óleo essencial ;

V = volume em mililitros de hidróxido de potássio;

O número de ácido A_n é dado pela seguinte fórmula :

$$A_n = \frac{5{,}61 \times \mathrm{V}}{\mathrm{m_A}}$$

O resultado é dado a uma casa decimal.

4.7. Determinação do número do éster

O número do éster foi determinado no laboratório CRUPHAMET, procedendo como indicado no protocolo abaixo.

a) Materiais e produtos

Bureta 25 ml graduada a 0,05 ml. Potássio e ácido clorídrico a 0,5 mol/L; amostra utilizada para a determinação do número de ácido; pedra-pomes; conjunto de saponificação; uma pipeta volumétrica de 25 ml; um par de copos de 100 ml; indicador colorido (BBT).

b) Procedimento

- Tomar 25 ml de potássio num copo com uma pipeta volumétrica e transferir este volume para um frasco de 150 ml;
- Adicionar ao frasco a amostra obtida durante o número ácido, bem como algumas pedras-pomes (para homogeneizar a ebulição durante o aquecimento);
- Preparar a montagem de refluxo e deixar aquecer durante aproximadamente uma hora. Ao mesmo tempo, preparar o equipamento para a determinação do excesso de potássio com ácido clorídrico;
- No final do aquecimento, arrefecer o frasco substituindo o aquecedor do frasco por um cristalizador cheio de água com gelo, a fim de reduzir a temperatura do meio de reacção;
- Uma vez que a temperatura do balão tenha diminuído, cortar a circulação da água no refrigerador de bolas. Retirar o balão e colocá-lo no agitador magnético (fixando-o a um poste para o estabilizar), adicionar um íman de barra e agitar o meio de reacção (a fim de homogeneizar a solução);
- Dosear a solução (inicialmente verde azul) com ácido clorídrico. Quando a solução se torna amarela, notar o volume de ácido clorídrico consumido e aplicar a fórmula que exprime o resultado.

c) Expressão dos resultados

$n_{(KOH\ consumido)} = n_{(KOH\ initial)} - n_{(KOH\ excesso)}$

$n_{(KOH\ consumed)} = n_{(KOH\ inicial)} - n_{(HCL\ consumido)}$

$$\frac{m_{KOH}}{M_{KOH}} = CV - C'V'$$

$$m_{KOH} = M_{KOH}(CV - C'V')$$

$$m_{KOH} = 56.11(CV - C'V')$$

Potássio e ácido clorídrico, ambos 0,5 mol/L, serão utilizados durante a experiência:

$$m_{KOH} = 56.11 \times 0.5\ (V - V') = 28.05(V - V')$$

Na expressão acima, 56,11 é a massa molar do potássio KOH, enquanto V é o volume inicial de KOH utilizado e V' o volume de HCl consumido.

4.8. Exclusividade do óleo essencial Cananga odorata extraído do ylang-ylang da planície do Imbo no Burundi

As propriedades organolépticas do óleo essencial obtido por hidrostilação das flores de ylang-ylang da planície IMBO são apresentadas no Quadro 4. Os resultados obtidos sugerem um óleo essencial de muito boa qualidade. É um óleo essencial de aspecto oleoso opalino líquido, de cor amarela com um poderoso aroma floral amadeirado e balsâmico. O quadro 4 mostra os resultados das propriedades físico-químicas, em comparação com os valores de referência.
Les propriétés organoleptiques de l'huile essentielle obtenue par hydrostillation des fleurs d'ylang-ylang de la Plaine de l'IMBO sont consignées dans le tableau 4. Os resultados obtidos obtêm uma mistura essencial de alta qualidade. C'est une huile essentielle d'un aspect liquide huileux opalescent, de couleur jaune avec une puissante odeur florale boisée et balsamique. Le tableau 4 montre les résultats des propriétés physico-chimiques, en comparaison avec les valeurs de référence.

Quadro 4: Propriedades do óleo essencial completo das flores de uma árvore ylang-ylang da planície do IMBO no Burundi

Propriedades físico-químicas	**Este estudo**	**Valores padrão**	**Referência**
Rendimento(%)	1.050	[2 - 2.25]	C. Benini *et al*, 2006
Densidade (g/L)	0.940	[0.906 - 0.990]	AFNOR 2005
Índice de refracção	1.502	[1.495 - 1.513]	AFNOR 2005
Índice Ester	350.6	[80 - 180] Mayotte	D . Dumortier, 2006
		[40 - 185] Madagáscar	D . Dumortier, 2006
		[45 - 200] Comores	D . Dumortier, 2006
Índice de ácido	0.420	< 2	AFNOR 2005

Foi estabelecido por vários estudos de extracção realizados sobre a mesma variedade de ylang-ylang que as flores frescas contêm 2 a 2,5% de óleo essencial[22,23]. O nosso estudo deu um rendimento de apenas 1,0%. Esperávamos um rendimento tão baixo, uma vez que não trabalhámos em condições experimentais ideais. O baixo rendimento também poderia ser explicado pela localização geográfica do local da amostragem. De facto, parece que acima dos 600 metros de altitude, os rendimentos são economicamente reduzidos[10]. A nossa amostragem foi realizada em Bujumbura Mairie, na planície IMBO, cujos limites geográficos se situam entre a altitude de 774 m (o nível médio do Lago Tanganica) e o hysoeth de 1000 m.

O baixo rendimento pode ser ainda explicado por outros factores. Com efeito, o rendimento de extracção, tal como a qualidade de um óleo essencial, são influenciados pela natureza do solo em que a plantação é efectuada, o material dos dispositivos utilizados, a limpeza do equipamento, a pressão de funcionamento, a regularidade do aquecimento, o arrefecimento do destilado e a regularidade da sua verter, o método e a duração da destilação, etc. [4,20].

O óleo essencial de ylang-ylang é extraído e fraccionado de modo a obter cinco fracções com propriedades organolépticas (aspecto, cor, cheiro), propriedades físico-químicas (densidade relativa a 20°C, rotação óptica a 20°C, índice de refracção a 20°C, índice ácido e índice éster) que lhes são específicas. É graças a estas propriedades que é possível definir se um óleo é de qualidade adequada [3,4,10,20,21].

Assim, um óleo de boa qualidade geral será líquido, de cor amarelo claro a amarelo escuro e terá um cheiro florido que lembra o jasmim[3]. De acordo com as propriedades físico-químicas, quanto maior for a qualidade do óleo, maior será a sua densidade e número de ésteres. Por outro lado, o índice de refracção e a rotação óptica devem ser pequenos. Quanto ao número de ácido, deve ser sempre inferior a 2 [3].

A densidade encontrada é de 0,940. A norma AFNOR (2005) recomenda uma densidade entre 0,906 para óleos de baixa qualidade e 0,990 para óleos de muito alta qualidade. As normas AFNOR fixam em 0,925 uma densidade abaixo da qual o óleo é considerado de qualidade III. Com uma gravidade específica de 0,940, há razões para sugerir que o nosso óleo é, pelo menos, de Grau II. Na realidade, a densidade do óleo essencial completo de ylang-ylang é de 0,936, o que implica que o nosso óleo analisado cumpre os padrões de um óleo essencial de muito boa qualidade.

O índice de refracção (IR20) de 1.502. É um baixo valor de índice de refracção que é indicativo da boa qualidade de um óleo essencial. De facto, a norma AFNOR, 2005 sugere para o óleo essencial, um índice de refracção entre 1,495 e 1,513 (1,495 para óleos de alta qualidade e 1,513 para óleos de qualidade inferior). Para o óleo essencial de ylang-ylang, o IR20 mais frequentemente observado é de 1,505 ±0,003.

O valor ácido (IA) deve ser o mais baixo possível. O nosso óleo essencial deu uma IA de 0,421, também muito baixo (2 é o máximo a não ser excedido). Na realidade, um óleo essencial fresco contém muito poucos ácidos livres [24], o que significa que o seu número de ácidos frescos é geralmente mais baixo. Tivemos o cuidado de armazenar o nosso óleo essencial num recipiente de vidro tingido porque se demonstrou que a luz promove a alteração da estrutura do óleo e a proliferação de ácidos.

E finalmente, a última propriedade físico-química determinada é o índice de éster. É a mais interessante porque quanto mais alto for o índice de éster, melhor será a qualidade de um óleo essencial. O óleo essencial que é objecto deste estudo revelou um índice de éster (EI) de 350,6. Tanto quanto sabemos, este valor é muito elevado e mesmo fora dos padrões até agora conhecidos, pois nenhum estudo deu até agora um índice de éster (EI) superior a 200. O índice de éster do óleo essencial de ylang-ylang está incluído no intervalo [80-180] em Mayotte, no intervalo [40-185] em Madagáscar e no intervalo [45-200] nas Comores[25]. Sabe-se que estas três ilhas se encontram em condições privilegiadas para produzir óleos essenciais de muito boa qualidade.

De facto, a AFNOR reconhece que existem dois tipos de óleo de Cananga odorata em forma de genuina: óleo das Comores e Mayotte, por um lado, e óleo de Madagáscar, por outro. Estes são dois nichos de qualidade diferenciada que não são comparáveis, mas nenhum destes nichos apresenta um índice de éster tão elevado como o que encontramos neste estudo. Seria então o Burundi um terceiro nicho de ylang-ylang com um novo quimiotipo para competir com os dois nichos já existentes, através da excepcional qualidade do óleo IMBO? Já sabemos que o genótipo das árvores influencia a qualidade do seu óleo, mas nenhum estudo científico foi realizado actualmente para determinar a verdadeira causa desta qualidade diferenciada. É por isso que, antes de concluirmos que existe um genótipo de óleo essencial de qualidade "excepcional" na planície da IMBO, recomendamos outros estudos independentes e mais extensivos para confirmar ou invalidar esta asserção.

CONCLUSÃO E PERSPECTIVAS

Devido às suas propriedades físico-químicas, o óleo essencial extraído por hidrodistilação de flores de ylang-ylang no Burundi tem propriedades organolépticas que já são altamente valorizadas em perfumaria e que poderiam ser muito cobiçadas em aromaterapia. Este estudo preliminar, que se limitou a uma caracterização baseada apenas em propriedades físico-químicas, abre interessantes perspectivas de investigação sobre esta planta que poderia tornar-se noutro sector de planta industrial do futuro no Burundi ou mesmo em qualquer outro país da África Oriental. Para tal, será necessário fazer um estudo muito mais aprofundado que deverá incluir as características dos solos de possível cultivo, a extracção com equipamento concebido para oferecer um óleo essencial de qualidade com um rendimento melhorado, e claro a determinação da composição química do óleo essencial por fase gasosa e cromatografia de coluna, em particular para identificar os diferentes ésteres e o seu conteúdo.

Por outro lado, seria desejável que os biólogos e agrónomos analisassem os aspectos de melhoramento da própria planta. De facto, Benini et al, lamentam que, apesar da grande importância económica do óleo essencial de ylang-ylang, é surpreendente constatar que não existe um programa de melhoramento da planta. Assim, a biologia da reprodução, um pré-requisito necessário para qualquer programa de melhoramento varietal, continua a ser pouco conhecida. É sempre difícil saber com certeza quando a polinização tem lugar, qual é o agente polinizador, e se existe um na área de produção, qual é o tipo de fertilização, etc. Para além destas deficiências, nota-se que a abcisão das flores em cada fase do seu desenvolvimento é importante na mesma e que esta planta produz muito poucos frutos. Isto representa também um obstáculo para o melhoramento varietal.

Falando precisamente de melhoramento varietal, os investigadores em agronomia e bioengenharia poderiam estudar as capacidades vegetativas que também não são conhecidas. De facto, para além da talhadia que parece ser amplamente praticada nas Comores, não foi efectuado qualquer estudo sobre as possibilidades de cortes, estratificação, propagação in vitro, etc. Todas estas informações são contudo essenciais para uma melhoria varietal da planta e, consequentemente, do seu óleo essencial.

Um melhor conhecimento da fábrica, da sua gestão e do seu petróleo essencial parece agora necessário para ajudar à sustentabilidade deste novo sector, cujo rendimento poderia constituir outro valor acrescentado. De facto, estimamos aproximadamente 400 árvores por hectare de plantação, que poderiam ser plantadas em linhas escalonadas em 4m x 6m ou alinhadas em 5m x 5m. No entanto, verifica-se que uma árvore ylang-ylang produz cerca de 1 kg de flores por mês quando se encontra no pico da sua produção, ou seja, quando tem entre 10 e 15 anos[4,10,21]. Isto dá uma média de 400 kg de flores por mês e por hectare de plantação, ou cerca de 6 kg de óleo essencial calculado com base num rendimento médio de 1,5%. Ao preço de 15 euros por quilo (este é o custo mínimo), isto representa um rendimento médio mensal de 90 euros, ou 180.000 francos burundianos, por hectare de plantação de ylang-ylang.

Do acima exposto, é evidente que o cultivo de ylang-ylang tem perspectivas encorajadoras no horizonte. Embora, em geral, os óleos essenciais naturais sejam continuamente desafiados pela utilização de produtos sintéticos cada vez mais olfactivos, o mesmo não acontece com o óleo essencial de ylang-ylang cuja composição olfactiva parece ser de uma complexidade difícil de conseguir sinteticamente[10,26,27] . Além disso, o seu cultivo na planície de IMBO no Burundi, e mesmo nos países da região da África Oriental, longe de ser competitivo com outras instalações industriais já existentes, poderia antes tornar o óleo útil ao agradável, proporcionando rendimentos substanciais aos vários intervenientes na sua cadeia de produção, a começar pelos proprietários das árvores ylang-ylang, os colhedores, os destiladores, os exportadores, os farmacoterapeutas, etc.

REFERÊNCIAS BIBLIOGRÁFICAS

[1] AFNOR (Association Française de Normalisation), 2000a. *Recueil de normes : les huiles essentielles. Échantillonnage et méthodes d'analyse.* Tomo 1. Paris : AFNOR

[2] AFNOR (Association Française de Normalisation), 2000b. *Recueil de normes : les huiles essentielles. Monografias parentes aos huiles essentielles (H à Y).* Tomo 2. Paris : AFNOR

[3] AFNOR (Association Française de Normalisation), 2005. *Norme française NF ISO 3063 : huile essentielle d'ylang-ylang [*Cananga odorata *(Lamarck) J.D. Hooker et Thomson forma* genuina*]*. Paris : AFNOR

[4] ANTON, R. ET LOBSTEIN, A., 2005. *Plantes aromatiques. Épices, aromates, condiments et huiles essentielles*. Paris : Tec et Doc Lavoisier

[5] Association des Naturalistes de Mayotte, 2006. *Mayotte, les plantes à parfum. In: Univers Maoré* (hors-série n°1). Ile Maurice, França : Précigraph

[6] BEN MOHADJI, F., 2004. *Manuel de vulgarização : técnicas culturales. Cultures de rente et épices*. Grande Comores : Maison des épices des Comores

[7] BENAYAD, N., 2008. *Les huiles essentielles extraites des plantes médicinales marocaines : moyen efficace de lutte contre les ravageurs des denrées alimentaires stockées*

[8] BENINI, C., DANFLOUS, J.P, WATHELET, J.P, PATRICK du Jardin ET FAUCONNIER, M.L, 2010, *L'ylang-ylang [*Cananga odorata *(Lam.) Hook.f. & Thomson] : une plante à huile essentielle méconnue dans une filière en danger, Biotechnol. Agron. Soc. Environ.,* Volume 14 (2010)

[9] BINET.P ET BRUNEL J.P, 1967. *Physiologie végétale*. Tome II, ed Doin Deren et Cie8 Place de l'odéon Paris

[10] BRULE CH. ET PECOUT W., 1995. *L'ylang-ylang : un parfum subtil*. Grasse, França : Arco-Charbot ; Paris : V.F. aromatique

[11] CAMILLE, L., 2010. *Ylang-ylang BeHave des Comores : parfum et développement durable*

[12] CONSELHO DA EUROPA, 2007. *Fonte natural de aromatizantes*. Vol. 2. Bruxelas: Conselho da Europa Editora

[13] DUMORTIER, D., 2006. *Contribution à l'amélioration de la qualité de l'huile essentielle d'ylang-ylang (Cananga odorata (Lamarck) J.D. Hooker et Thomson, variété genuina) des Comores* - Mémoire de fin d'étude - Faculté Universitaire des Sciences Agronomiques de Gembloux (Belgique)

[14] EL KALAMOUNI, C., 2010. *Caractérisations chimiques et biologiques d'extrait de plantes aromatiques oubliées de Midi-Pyrénées* - Thèse doctorale, Université de Toulouse

[15] FAUCONNIER, M.L., *2006 Huile essentielle d'Ylang-ylang : sa fiche qualité et son suivi de distillation*- Exposé pour le GIE Maison des Epices des Comores

[16] FLORENÇA, J., 2004. *Flore de Polynésie française*. Vol. 2. Paris: edições IRD

[17] GUENTHER, E., 1952. *Os óleos essenciais*. Vol. 5. Nova Iorque, EUA: Van Nostrand Company Inc., 1952.

[18] HARERIMANA P.C, 2012. " Extraction et analyse de l'huile essentielle d'ylang-ylang complète ". Mémoire présenté en vue de l'obtention du diplôme de Licence en Pédagogie Appliquée, agrégé de l'enseignement secondaire en Chimie. Institut de Pédagogie Appliquée, Université du Burundi.

[19] CAIPIRA, A., 2010. *Etude du terroir Mahorais et de l'influence des paramètres environnementaux sur la qualité de l'huile essentielle d'ylang-ylang (Canaga odorata(Lam.) Hook&Thoms.) à Mayotte* - Travail de fin d'étude,Master de Bioingénieur en Science et Technologie de l'Environnement- Université de Liège Gembloux, Belgique

[20] HONGRATANAWORAKIT, T., HEUBERGER, E., BUCHBAUER, G., 2004. *O Efeito do Óleo de Ylang-Ylang sobre os Humanos: Evidence for Aromatherapy, 23rd Congresso da IFSCC*, Orlando, FL, EUA

[21] HURTEL, J.M., 2006. *Huile essentielle et médecine. Aromathérapie*

[22] ISABU, 1992. *Séminaire sur la biofertilisation des légumineuses fixatrices d'azote et la production de la culture du soja*, Bujumbura du 22 au 23 octobre1992

[23] KABERA, J., KOUMAGLO, K.H, INGABIRE, M.G., KAMAGAJU, L., 2004. *Caractérisation des huiles essentielles d'Hyptis spiciela Lam, Plucea ovalis (Pers.) D.C et Laggera aurita (LF) Benth.EX.CB Clarke, plantes aromatiques tropicales*

[24] LAFFAIRE, C., 2008. *L'ylang ylang des Comores* / Stagiaire IFAD - Union des Comores

[25] MANEIRA, H.I., ELEVITCH, C.R., 2006. *Cananga odorata* (ylang-ylang). *Perfis de espécies para a agroflorestação das ilhas do Pacífico*

[26] MARTINI, M.C. ET SEILLER, M., 2006. *Actifs et Additifs en Cosmétologie*. 3ème édition. LAVOISIER, M.C.,

[27] PAFR (Projet d'Appui aux Filières de Rentes), 1998. *Perspectives d'avenir de l'ylang-ylang aux Comores selon les applications dans la parfumerie : rapport final*. Moroni, RFIC: PAFR

[28] PARIS, M. ET HURABIELLE, M., 1981. *Abrégé de matière médicale*. Masson Paris Nova Iorque Barcelone Milão México Rio de Janeiro

[29] SMADJA, J., 2009. *Les huiles essentielles-* Colloque GP3A-Tananarive. Laboratoire de Chimie des Substances Naturelles et des Sciences Des aliments (LCSNSA) Université de la Réunion

[30] VALADE, I., 2010. *Rapport de Mission Court Terme CT17 Mission d'appui technique au Programme FLEX " Appui aux Cultures de Rente "*

[31] *Renforcement des capacités des associations de producteurs. Appui technique et commercial à l'Association des Producteurs d'Ylang de Mayotte (APYM)*

[32] ZIEGLER H., 2007. *Aromas: produção, composição, aplicações, regulamentos.* Berlim, Alemanha: Wiley-VCH

[33] UCCIA (Union des Chambre de Commerce d'Industrie et d'Agriculture), 2005. Guide d'informations économiques. Paris: Bernadette Concept Étoile.

[34] UNEP (Programa das Nações Unidas para o Ambiente), 2002. Atlas dos recursos côtières de l'Afrique orientale: République Fédérale Islamique des Comores. Nairobi: Programme des Nations Unies pour l'Environnement.

Lista dos sítios Web visitados

1. http://ylang-mayotte.over-blog.com/article-caracteristiques-physiques-et-organoleptiques-de-l-huile-d-ylang-ylang-69385293.html (29-12-2011)
2. http://fr.wikipedia.org/wiki/Ylang-ylang. (12-1-2012)
3. http://www.comores-online.com/cvp/ylang.htm (20-12-2011)
4. www.gralon.net/articles/maison-et-jardin/jardin/article-I-ylang-ylang---une-etonnante-plante-en pot-4347.htm (07-02-2012).

5. http://fr.wikipedia.org/wiki/Fichier:Cananga_odorata_Blanco1.221.png (28-2-2012)
6. www.desplantesdebonnevolonte.org/comment.php? (7-2-2012)
7. http://www.alsagarden.com/index-fiche-20406.html (8-2-2012)
8. http://ylang-mayote.over-blog.com/article-culture-690009667.html (8-2-2012)
9. http://ylang-mayote.over-blog.com/article-botanique-68998069.html (02-2-2012)
10. http://www.pentybio.com/huile/extraction-huile-essentielle.htm
11. (29- 12-2011)
12. http://www.aromabienetre.com/page12.htm (22-12-2011)
13. www.centre-arome.fr/huiles-essentielles-pures/39-he-ylang-complet.html (04-03-2012)
14. http://www.neroliane.com/product_info.php?products_id=36 (04-04-2012)
15. http://www.havre-des-sens.fr/image/FTylangylang.pdf (28-2-2012)
16. www.neroliane.com/product_info.php?product_id=36 (27-2-2012).
17. http://translate.google.fr/translate?hl=fr&langpair=en|fr&u=http://www.organicfacts.net/health-benefits/essential-oils/health-benefits-of-ylang-ylang-essential-oil.html (29-2-2012)
18. http://centre-aromatherapie.com/FRANCAIS/Huiles_essentielles/Huile-ylang/aromatherapie_ylang.html (29-2-2012)
19. www.neroliane.com/product_info.php?product_id=36 (27-2-2012).
20. www .joel-paul.com/?p=2861(07-02-2012)
21. http ://nature-jardin.free.fr/arbre/nmauric_cananga_odorata.html (28-2-2012)

22. http://www.info-massage.com/huile-essentielle-d-ylang-ylang.html (28-2-2012)

23. http://www.google.fr (Extracção de essência naturelle de lavande par hydrodistillation) (22-12-2011)

24. http://www.web-sciences.com/tp2nde/tp5/tp5.php (21-7-2011)

25. http://vivascience.be/wordpress/wp-content/uploads/2011/03/ylang.pdf (20-12-2011)

26. http://www.epices-comores.com/pdf_massala/massala_3.pdf (17-2-2011).

27. http://www.fidacomores.net/spip.php?article62 (20-12-2011)

28. http://bchcbd.naturalsciences.be/burundi/information/presentation.htm (26-2-2012).

29. http://www.aroma-zone.com/aroma/ficheylangcomplete.asp (19-12-2011)

30. http://www.florame.co.jp/chromatography/pdf/chg_ylangylangcomplete/YlangcompleteLOT9942.pdf (22-12-2011)

RECONHECIMENTO

O autor gostaria de agradecer ao Dr. Léopold Havyarimana pelo seu contributo ao escrever o capítulo 2 intitulado **"Resumo das essências e extracção de óleo essencial".**

O autor gostaria de expressar a sua gratidão às Edições Universitaires Europpéennes por lhe terem dado a oportunidade de escrever e publicar este livro nas suas edições. Ele gostaria de agradecer a toda a equipa editorial pelos seus conselhos e orientação desde o início até à publicação do livro.

INTERESSES CONCORRENTES

O autor declarou que não existem interesses concorrentes[i] .

Declaração de exoneração de responsabilidade

Este livro é uma versão alargada de um artigo submetido para publicação no East African Journal of Science, Technology and Innovation (2022). O livro é também uma tradução francesa do livro " Extraction de l'Huile Essentiel des Fleurs de Cananga Odorata : Vers la découverte d'un nouveau chémotype aux qualités concurrentielles ? " publicado nas mesmas edições.

Printed by Books on Demand GmbH, Norderstedt / Germany